D1717366

MIX
Papier aus verantwortungsvollen Quellen
Paper from responsible sources
FSC® C105338

Carsten Bittmann

Bergmänner, Glasmacher und Drechsler – Historische und aktuelle Wirtschaftsstrukturen in Seiffen

Mit einem geographischen Überblick über das Erzgebirge

Bachelor + Master
Publishing

Bittmann, Carsten: Bergmänner, Glasmacher und Drechsler – Historische und aktuelle Wirtschaftsstrukturen in Seiffen. Mit einem geographischen Überblick über das Erzgebirge, Hamburg, Diplomica Verlag GmbH 2012
Originaltitel der Abschlussarbeit: Aktuelle Wirtschaftsstrukturen in Seiffen unter Beachtung des historischen Aspekts

ISBN: 978-3-86341-395-8
Druck: Bachelor + Master Publishing, ein Imprint der Diplomica® Verlag GmbH, Hamburg, 2012
Zugl. Technische Universität Dresden, Dresden, Deutschland, Bachelorarbeit, Mai 2012

Bibliografische Information der Deutschen Nationalbibliothek:
Die Deutsche Nationalbibliothek verzeichnet diese Publikation in der Deutschen Nationalbibliografie; detaillierte bibliografische Daten sind im Internet über http://dnb.d-nb.de abrufbar.

Die digitale Ausgabe (eBook-Ausgabe) dieses Titels trägt die ISBN 978-3-86341-895-3 und kann über den Handel oder den Verlag bezogen werden.

Dieses Werk ist urheberrechtlich geschützt. Die dadurch begründeten Rechte, insbesondere die der Übersetzung, des Nachdrucks, des Vortrags, der Entnahme von Abbildungen und Tabellen, der Funksendung, der Mikroverfilmung oder der Vervielfältigung auf anderen Wegen und der Speicherung in Datenverarbeitungsanlagen, bleiben, auch bei nur auszugsweiser Verwertung, vorbehalten. Eine Vervielfältigung dieses Werkes oder von Teilen dieses Werkes ist auch im Einzelfall nur in den Grenzen der gesetzlichen Bestimmungen des Urheberrechtsgesetzes der Bundesrepublik Deutschland in der jeweils geltenden Fassung zulässig. Sie ist grundsätzlich vergütungspflichtig. Zuwiderhandlungen unterliegen den Strafbestimmungen des Urheberrechtes.

Die Wiedergabe von Gebrauchsnamen, Handelsnamen, Warenbezeichnungen usw. in diesem Werk berechtigt auch ohne besondere Kennzeichnung nicht zu der Annahme, dass solche Namen im Sinne der Warenzeichen- und Markenschutz-Gesetzgebung als frei zu betrachten wären und daher von jedermann benutzt werden dürften.

Die Informationen in diesem Werk wurden mit Sorgfalt erarbeitet. Dennoch können Fehler nicht vollständig ausgeschlossen werden, und die Diplomarbeiten Agentur, die Autoren oder Übersetzer übernehmen keine juristische Verantwortung oder irgendeine Haftung für evtl. verbliebene fehlerhafte Angaben und deren Folgen.

© Bachelor + Master Publishing, ein Imprint der Diplomica® Verlag GmbH
http://www.diplom.de, Hamburg 2012
Printed in Germany

„Wissen und Fähigkeiten sind eure Macht."
Christian Werner

Danksagung

Diese Arbeit wäre ohne den Gedankenaustausch mit mehreren Personen ganz anders und nicht so umfangreich geworden. Viele Ideen zur Arbeit sind erst während der Gespräche entstanden. Eine Arbeit über einen Ort kann nur dann ihr Ziel erreichen und realistische Ergebnisse aufweisen, wenn sie im Kontakt mit Einwohnern entsteht und wenn Einblick in die Lebensweise gewährt wird. Ich danke deshalb für die Offenheit, die Ideen und das Entgegenkommen meiner Gesprächspartner:

Christian Werner, Rainer Bieber, Helfried Dietel, Gerlinde Einbock, Christina und Stephan Kaden, Johanna Bieber, Dr. Konrad Auerbach und Gunter Bieber

In diesem Zusammenhang möchte ich mich bei den Sachverständigen der Industrie- und Handelskammer Chemnitz, Region Erzgebirge und der Handwerkskammer Chemnitz für die freundliche Bereitstellung von Daten bedanken. Danken möchte ich auch für die Unterstützung durch:

Walli und Johannes Bieber, Elisabeth Bittmann, Kerstin und Hartmut Bittmann, Michael Kaden und Pfarrer Michael Harzer

Für die entgegen kommende und dennoch Freiheiten lassende Betreuung soll an dieser Stelle Prof. Dr. Hartmut Kowalke gedankt sein. Ich war positiv überrascht, wie groß sich die Freiheit bei der Wahl des Themas und der Schwerpunkte meiner Bachelor-Arbeit gestaltete.

Inhaltsverzeichnis

Verzeichnisse

Abbildungsverzeichnis

Tabellenverzeichnis

1   Einleitung

1.1   Problemstellung

Der Luftkurort Seiffen im Erzgebirge genießt einen ausgesprochen gefestigten Ruf als „Weihnachts- und Spielzeugland". Seiffener Holzkunst prägte und prägt häufig die Vorstellung von „richtigen Weihnachten" in sächsischen Familien. Seit Jahrzehnten sind Handwerksprodukte aus dem Ort nahe Olbernhau und Neuhausen als Geschenke beliebt. Seiffen kann auf Außenstehende verträumt, romantisch und harmonisch wirken, als ob an diesem Ort die Hektik des Alltags vorbei geht, auch wenn in der Advents- und Weihnachtszeit das Dorf Hunderte Parkplätze für Besucher ausweisen muss und die Hauptstraße sich in einen Weihnachtsmarkt verwandelt. Der eine oder andere mag sich in dieser Atmosphäre aber vielleicht auch fragen, ob es ein Seiffen nach Weihnachten gibt. Was machen Seiffener, wenn sie nicht drechseln? Ortsfremde mögen sich wohl mancher Zeit fragen, ob denn alle Bewohner des „Weihnachtslandes" in der Spielzeugproduktion und im Holzkunsthandwerk tätig sind und ob es in Seiffen auch Dinge gibt, die sich nicht um die Drechselbank oder um die Pyramide drehen.

Bei genauerem Hinschauen werden in der von Touristen bewunderten Spielzeugmacherbranche Probleme sichtbar. Viele Handwerker arbeiten am Existenzminimum. Die Nachfrage und somit die Umsatzzahlen sind rückläufig. Viele Betriebe haben keine Nachfolger und die Konkurrenz aus östlichen Regionen, wo Quantität über Qualität steht, ist groß. Zerbricht die Spielzeugmacherbranche unter diesem wirtschaftlichen Druck? Gibt es Alternativen? Welche Zukunftspläne sind tragfähig und welche Potenziale bietet die Wirtschaftsstruktur in Seiffen? Wie ist sie überhaupt entstanden?

1.2   Zielstellung

Ausgehend von der Problemstellung kristallisieren sich drei Fragen heraus:

- Wie sind die Wirtschaftsstrukturen in Seiffen entstanden?

- Nimmt das Holzkunsthandwerk eine dominante Rolle in der Wirtschaft Seiffens ein und wie groß sind die Anteile anderer Wirtschaftsbranchen?

- Welche Potenziale und Zukunftsstrategien gibt es, um Problemen zu begegnen und entgegen zu wirken?

Insgesamt ist festzustellen, dass ausführliche Arbeiten zur Geschichte des Erzgebirges existieren, jedoch keine zur Gegenwart gefunden werden konnten, die über die physische Geographie hinaus gehen. Ähnlich verhält es sich mit Literatur über Seiffen. Aspekte der Geschichte sind detailliert dokumentiert. Dazu gehören Besiedlung, Bergbau, Glashütten und das Drechselhandwerk. Jedoch konnte keine Arbeit ausgemacht werden, die die aktuellen Strukturen auf Basis der Geschichte betrachtet. Zudem sind noch keine Handlungskonzepte für die Zukunft von der Gemeinde erarbeitet worden, die demografischen Wandel und wirtschaftlichen Problemen entgegen wirken. Aus diesem Grund ist für diese Arbeit nach einem Überblick über das Erzgebirge eine Dreiteilung vorgenommen worden. Ausgangspunkt ist die wirtschaftliche Geschichte des Ortes. Darauf basiert die aktuelle Struktur. Aus dieser leiten sich Handlungsmöglichkeiten und Potenziale ab. Intention dieser Arbeit ist es, die genannten drei Punkte in einen Zusammenhang zu stellen, um Potenziale auszumachen, die dem Charakter und der Atmosphäre Seiffens entsprechen. Die Arbeit richtet sich demnach vor allem an die Gemeinde Seiffen und an die Akteure der Wirtschaft im Ort.

1.3 Methoden und Forschungsstand

Steht eine einzelne Gemeinde im Blickpunkt einer Arbeit, so muss diese zuerst eingeordnet werden. Aus diesem Grund wurde das Kapitel 2 Überblick über das Erzgebirge eingefügt. Die Arbeit erfolgte dabei hauptsächlich durch Auswertung von Literatur. Die physische Geographie, die Besiedlung und Geschichte des Erzgebirges ist sehr gut mit wissenschaftlichen Arbeiten abgedeckt, weshalb sich diesbezüglich keine Schwierigkeiten bei der Recherche ergaben. Problematischer war die Analyse aktueller Wirtschafts- und Bevölkerungsstrukturen im Erzgebirge. Dazu wurden vor allem Angaben über Sachsen gefunden. Die Übertragung auf das Erzgebirge musste erst hergestellt werden. Die Auswahl der Inhalte gestaltete sich schwierig, da nicht immer Zahlen vorlagen, die sich auf das Erzgebirge beschränkten. Zudem ist die Abgrenzung des Gebirges ungenau. Soll die heutige Wirtschaft und Bevölkerungsstruktur des Erzgebirges charakterisiert werden, ist die Auswertung einzelner Gemeinden aufgrund der hohen Anzahl zu umfangreich. Eine Analyse der Landkreise gestaltet sich hingegen als sehr ungenau, da die Landkreise auch Räume einschließen, die nicht zum Erzgebirge gezählt werden können. Gleichwohl musste an einigen Stellen auf Zahlen von Landkreisen zurückgegriffen werden, da das Angebot von Daten entsprechend eingeschränkt war. Als Methoden wurden für das erwähnte Kapitel die Literaturrecherche und die Auswertung von Daten gewählt.

Aktuelle Wirtschaftsstrukturen sind immer Ergebnisse von Geschehnissen der Geschichte. Für die Betrachtung der Wirtschaft in Seiffen war also eine ausführliche Analyse der Geschichte von Seiffen notwendig. Diese ist bisher sehr gut untersucht und dokumentiert worden, vor allem die Bereiche Besiedlung, Bergbau, Glashütten und Spielzeugherstellung bis Ende des 19. Jahrhunderts. Die Inhalte des Kapitels 3 Geschichte der Wirtschaft in Seiffen wurden demnach hauptsächlich mit Literatur erarbeitet, wobei nur eine Auswahl wichtiger Punkte wieder gegeben werden konnte.

Zur aktuellen Wirtschaftsstruktur (4 Aktuelle Wirtschaftsstruktur) liegen keine wissenschaftlichen Veröffentlichungen vor, die speziell die Gemeinde Seiffen behandeln. Bei der Arbeit wurden deshalb Daten des Statistischen Landesamtes des Freistaates Sachsen über GENESIS-online analysiert. Auch die Gemeindestatistik Seiffens, die ebenfalls vom Statistischen Landesamt des Freistaates Sachsen zur Verfügung gestellt wird, wurde zur Untersuchung herangezogen. Ursprünglich war eine Gliederung des Kapitels in folgende Wirtschaftsbranchen geplant:

- Fischerei, Land- und Forstwirtschaft
- Bergbau, Gewinnung von Steinen und Erden
- Handwerk
- Baugewerbe und Industrie

- Finanz- und Versicherungsunternehmen
- Einzelhandel
- Dienstleistungen
- Gastronomie und Tourismus

Während der Arbeit stellte sich jedoch heraus, dass eine solche Gliederung für Untersuchungen auf Gemeindeebene nicht sinnvoll ist, da in einer einzelnen Gemeinde nicht alle Wirtschaftssektoren auftreten oder Bedeutung haben. Zudem standen nicht immer die gewünschten Daten zur Verfügung. Aus diesem Grund wurden Schwerpunkte gewählt, sodass die in dieser Arbeit vorliegende Gliederung des Kapitels 4 Aktuelle Wirtschaftsstruktur entstand. Die Suche nach Daten zur Betriebszahl gestaltete sich anfangs schwierig. Nach telefonischer Anfrage und schriftlichem Kontakt standen Daten auf Gemeindeebene zur Verfügung, die von der Industrie- und Handelskammer Chemnitz, Region Erzgebirge, und der Handwerkskammer Chemnitz erhoben worden waren. Daten zu Umsätzen bestimmter Branchen und zum BIP beziehungsweise BSP der Gemeinde lagen nicht vor. Lediglich zum verarbeitenden Gewerbe konnten Zahlen zu den Umsätzen in Erfahrung gebracht werden.

Zu den Punkten in Kapitel 5 Problemfelder und Handlungsmöglichkeiten lagen ebenfalls keine wissenschaftlichen Arbeiten vor. Die Handlungsmöglichkeiten wurden aus der Analyse der Wirtschaftsstruktur und aus Gesprächen mit Akteuren in Seiffen abgeleitet. Es wurde bei Beispielen bewusst darauf verzichtet, Namen von Betrieben zu nennen, um keine einseitige Sicht, keine Einschränkung und keine Bevorteilung entstehen zu lassen.

2   Überblick über das Erzgebirge

2.1   Lagekennzeichnung und Gliederung

Das Erzgebirge ist ein Mittelgebirge im Süden von Sachsen. Es ist von Südwest nach Nordost ausgerichtet und steigt von Nordwest nach Südost allmählich an, bevor es vom Kamm nach Südost steil abfällt. Über den Kamm verläuft die Grenze zwischen der Bundesrepublik Deutschland und der Tschechischen Republik. Im Süden wird das Gebirge nach dem Steilabfall von dem Tal der Eger begrenzt, im Osten vom Elbtal. Im Norden schließt sich das Erzgebirgsvorland an. Die Grenze dazwischen ist nicht allgemein definierbar und vom Auswahlkriterium abhängig. Gleiches gilt für die Grenze nach Westen, wo sich das Vogtland anschließt. Der höchste Berg auf deutschem Territorium im Erzgebirge ist der Fichtelberg mit 1214 m NN. Die höchste Erhebung im gesamten Gebirge ist der auf tschechischer Seite gelegene Keilberg mit 1244 m NN (Höhenangaben nach: Altemüller et al. (Konzeption und Bearbeitung) 2003: Alexander-Schulatlas: 25). Die Landschaft der Kammlagen wird durch den Naturpark Erzgebirge/ Vogtland geschützt. Dieser umfasst 1.495 km² und weist eine Flächennutzung auf, der 9% Siedlungsgebiet, 30% Landwirtschaftsfläche und 61% Wälder entsprechen (Zweckverband Naturpark "Erzgebirge/ Vogtland" (Hrsg.) 2012. URL).

Der kontinuierliche Anstieg des Erzgebirges von Nord nach Süd lässt eine regelmäßige Einteilung des Erzgebirges in drei Höhenstufenbereiche zu, die durch oroklimatische Verhältnisse determiniert werden (Kaulfuß & Kramer 2000: 73):

- Untere Berglagen bis 500 m NN

- Mittlere Berglagen 500-750 m NN

- Obere Berglagen oberhalb von 750 m NN

Außerdem ist eine Gliederung in West-, Mittel- und Osterzgebirge möglich, wobei die Grenzen je nach Auswahlkriterium unterschiedlich sein können und sich nicht allgemein festlegen lassen.

2.2   Naturräumliche Ausstattung

Geologie und Tektogenese

Während der Variskischen Gebirgsbildung im Karbon war das Gebiet zwischen Leipzig und Fichtelberg, welches nach Wagenbreth & Steiner (1990: 134) vereinfacht als einheitliche Erdkrustenscholle angesehen werden kann, zu Mulden und Sätteln gefaltet worden. Dabei wurden im Erzgebirgssattel Gesteine aus Ordovizium und Präkambrium gefaltet, gepresst und metamorph umgewandelt (Wagenbreth & Steiner 1990: 134; Berger et al. 2008: 31f). Nach Berger et al. (2008: 32) erreichten die Drücke bei der Metamorphose 6-7 kbar und die Temperaturen 400-650 °C. So entstanden Gneise, die Müller 1850 (nach Berger et al. 2008: 31) erstmals in Rotgneise und Graugneise unterteilte, wobei angenommen wird, dass die Rotgneise magmatischen und die Graugneise sedimentären Ursprungs sind. Während der Gebirgsbildung drangen auch magmatische Gesteine wie Granit in das Gebiet ein (Wagenbreth & Steiner 1990: 136). In diesen granitischen Gängen kristallisierten reiche Vorkommen an Erzen aus, welche dem Gebirge schließlich ihren Namen gaben und für viele Jahrhunderte die Wirtschaft von Sachsen prägten. So fanden und finden sich in den Gängen Erze von Zinn, Eisen, Silber, Nickel, Kobalt, Zink, Uran, Blei, Wismut und anderen Metallen (Wagenbreth & Steiner 1990: 136).

Die Variskische Gebirgsbildung konsolidierte im Perm. Bis zur Kreidezeit und zum Tertiär wurde das Gebirge eingeebnet. Im Zuge der alpidischen Gebirgsbildung im Tertiär wurde das Erzgebirge gekippt und im Süden angehoben. Richter (2002: 522) beziffert die Nordabdachung der Scholle mit 35-40 km und die Südabdachung mit nur 5 km, weshalb das Gebirge als „ideale Pultscholle" (Richter 2002: 522) betrachtet werden kann. Der Anstieg der Landoberfläche verläuft von 350 m NN am Nordrand auf 900-1.000 m NN in den Kammregionen im Süden (Kaulfuß & Kramer 2000: 73). Der flache Anstieg von Nordwest nach Südost und der starke Steilabfall nach Böhmen sind deutlich ausgeprägt.

Während des Tertiärs kam es im Erzgebirge zu Basaltvulkanismus. Durch Reliefumkehr sind einzelne Basaltberge, wie zum Beispiel der Bärenstein oder der Pöhlberg, als Zeugen von Basaltdecken stehen geblieben (Richter 2002: 524).

Auf Grundlage dieser Vorgänge sind Gneise und Phyllite die Gesteine, die am häufigsten im Erzgebirge anzutreffen sind. Daneben kommen Basalte, Granite und Schiefer vor. Vereinzelt haben sich Sedimentgesteine erhalten.

Klimatische Verhältnisse

Dem Erzgebirge, das durch die Lage in den Mittelbreiten ein thermisches Jahreszeitenklima aufweist (Kaulfuß & Kramer 2000: 74), ist eine ausgeprägte klimatische Höhenstufung eigen, die ihren Ausdruck in der Lufttemperatur und im Niederschlagsverhalten findet (Kaulfuß & Kramer 2000: 79). In der untersten Höhenstufe (500-750 m NN) liegen die Jahresmitteltemperaturen bei 7,0-7,6 °C. Die Niederschlagssummen erreichen 720-850 mm. In mittleren Lagen bis 750 m NN kann die Jahresmitteltemperatur der Luft auf 5,5 °C absinken und die Niederschlagssumme auf 1.000 mm ansteigen. Die höchsten Lagen des Gebirges weisen Jahresmitteltemperaturen zwischen 2,8 °C und 5,5 °C auf.

Die Niederschlagssumme kann über 1.000 mm erreichen (Kaulfuß & Kramer 2000: 79f).

Die Änderung der Klimaverhältnisse mit der Höhe wird an den Stationen Chemnitz und Fichtelberg beispielhaft deutlich. Die Station Chemnitz liegt auf 418 m NN, die Station Fichtelberg auf 1.213 m NN. Auf dem Fichtelberg sind die Mittelwerte der Lufttemperatur jeden Monat geringer als in Chemnitz. Der Unterschied zwischen Maximal- und Minimaltemperatur ist bei beiden Stationen annähernd gleich (Fehler: Referenz nicht gefunden). Dabei sind auf dem Fichtelberg jeden Monat höhere Niederschlagssummen zu beobachten (Tabelle 2.2).

Tabelle 2.1: Monats- und Jahresmittel der durchschnittlichen Lufttemperatur in den Stationen Chemnitz und Fichtelberg in °C

Bezugszeitraum 1951-1980

Stationsdaten:
Chemnitz: 50° 48' n.B.,   10° 37' ö.L.,   418 m NN
Fichtelberg: 50° 26' n.B., 12° 57' ö.L., 1213 m NN
Datenquelle: Hendl 2002: 74f

	Station Chemnitz	Station Fichtelberg
Januar	-1,6	-5,3
Februar	-0,9	-5
März	2,3	-2,6
April	6,5	1,2
Mai	11,2	6
Juni	15	9,8
Juli	16,3	11,2
August	15,9	11
September	12,8	8
Oktober	8,5	4,2
November	3,6	-0,8
Dezember	0,1	-3,8
Jahresdurchschnittstemperatur [°C]	7,5	2,8
maximaler Temperaturunterschied [k]	17,9	16,5

Tabelle 2.2: Summe der Monats- und Jahresniederschläge in den Stationen Chemnitz und Fichtelberg in mm

Bezugszeitraum 1951-1980

Stationsdaten:
Chemnitz: 50° 48' n.B.,   10° 37' ö.L.,   418 m NN
Fichtelberg: 50° 26' n.B., 12° 57' ö.L., 1213 m NN
Datenquelle: Hendl 2002: 82f

	Station Chemnitz	Station Fichtelberg
Januar	44	91
Februar	39	85
März	46	87
April	56	90
Mai	68	100
Juni	91	109
Juli	98	135
August	70	89
September	58	87
Oktober	58	79
November	46	81
Dezember	52	101
Jahresniederschlag [mm]	726	1.134

Mit der Lage zwischen 50° n.B. und 51° n.B. ist das Erzgebirge den klimatischen Strömungen der Westwindzone ausgesetzt. So liegt zum Beispiel die Wahrscheinlichkeit, dass die Windrichtung an der Station Fichtelberg den Gruppen Südwest, West oder Nordwest zugeordnet werden kann, bei 59% (Kaulfuß &Kramer 2000: 75). Im Erzgebirge sind die Niederschlagsereignisse damit vorwiegend an Zyklonendurchgänge gebunden. Durch die lang gestreckte Form von Südwest nach Nordost nimmt der ozeanische Charakter des Klimas von West nach Ost ab und der kontinentale Einfluss zu. Aus diesem Grund sind die Niederschläge im Erzgebirge nicht gleichmäßig verteilt, sondern nehmen von West nach Ost ab (Abbildung 2.1).

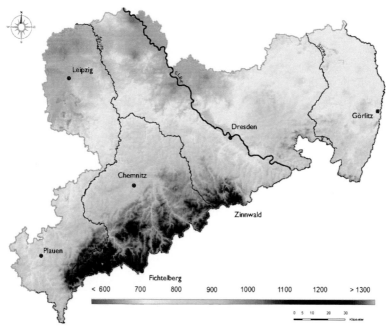

Abbildung 2.1: Jahresniederschlagssummen in Sachsen 1995-2005 in mm

Bearbeitung: TU Dresden, Professur Meteorologie

Ausgangsdaten: Deutscher Wetterdienst; Grundlage: Digitales Höhenmodell 500 m; Bearbeitungsstand: 03/2008

Quelle: Technische Universität Dresden, Institut für Hydrologie und Meteorologie 2012. URL

Im gesamten Erzgebirge ist im Sommer ein Niederschlagsmaximum zu verzeichnen, wie auch bei den Stationen Chemnitz und Fichtelberg deutlich wird (Tabelle 2.2). Büttner (o.D.: 2) interpretiert dies als Hinweis auf kontinentale Verhältnisse und bezeichnet das Erzgebirge „aus hygrischer Sicht" (Büttner o.D.: 2) als eine „Enklave im weitgehend maritim geprägten Mitteleuropa" (Büttner o.D.: 2).

Aufgrund des Anstauens und Aufsteigens von Luftmassen sind Steigungsregen und Föhnwetterlagen im Erzgebirge häufige Phänomene (Kaulfuß & Kramer 2000: 81).

Relief und Gewässer

Die flache Abdachung des Gebirges nach Norden hat dazu geführt, dass die meisten Flüsse dieser Richtung folgen und weitgehend parallel zueinander verlaufen. Dies trifft vor allem auf die Gewässer des Osterzgebirges zu. Im Mittel- und Westerzgebirge sind tektonische Störungen dafür verantwortlich, dass viele Flüsse westlich der Flöha „spitzwinklig (Zschopau) oder voll subsequent, senkrecht zur Abdachung (Zwickauer Mulde, Zwönitz, Würschnitz, oberes Schwarzwasser)" (Richter 2002: 523) verlaufen. Nach Richter (2002: 523) haben einige Hochflächen im Westerzgebirge dadurch radiale Entwässerungssysteme entwickelt. Im Osterzgebirge hingegen werden die Hochflächen selten durchschnitten und verlaufen häufig ungestört vom Kamm bis zum Gebirgsrand. Hinzu kommen die höheren Niederschlagssummen im Westerzgebirge, die zu erhöhtem Erosionspotenzial der Gewässer und höheren Reliefenergien geführt haben. Die Täler sind damit oftmals tiefer ausgeschnitten und steiler. Unterhalb der Hochflächen finden sich in den Tälern Flussterrassen. So können nach Richter (2002: 525) beispielsweise im Zschopautal drei Terrassen identifiziert werden, wobei die Hochterrasse einen Talboden mit drei Kilometer Breite hat und sich die unterste Terrasse auf einen Kilometer verengt.

Die Abflussmengen der Flüsse schwanken im Erzgebirge sehr stark. Trotz hoher Niederschlagswerte, gerade im Sommer, sind die Grundwasserspeicher aufgrund kristalliner Gesteine mit geringer Kapazität ausgestattet. Die Abflüsse reagieren nach einem Niederschlagsereignis deshalb intensiv und zeitnah zum Ereignis. Ebenso rasch nimmt die Abflussspende jedoch auch wieder ab, da die Grundwasserspeicher schnell erschöpft sind (Rother 1997: 50).

Tabelle 2.3: Abflüsse der Pegel Pockau 1 an der Flöha und Rothenthal an der Natzschung 2009

Datenquellen: Sächsisches Landesamt für Umwelt, Landwirtschaft und Geologie 2012a. URL; Sächsisches Landesamt für Umwelt, Landwirtschaft und Geologie 2012b. URL

	Hochwasser-abfluss	mittlerer Abfluss	Niedrigwasser-abfluss	Verhältnisse
Gewässer: Flöha Pegel: Pockau 1	$37,300\ m^3s^{-1}$	$0,894\ m^3s^{-1}$	$5,250\ m^3s^{-1}$	41,7: 5,8: 1,0
Gewässer: Natzschung Pegel: Rothenthal	$9,190\ m^3s^{-1}$	$1,270\ m^3s^{-1}$	$0,249\ m^3s^{-1}$	36,9: 5,1: 1,0

Rother (1997: 50) macht diese Zusammenhänge mithilfe der Extremstände deutlich. So betragen in langen Beobachtungszeiträumen die Verhältnisse zwischen höchsten und niedrigsten Abflüssen in Fließgewässern ostdeutscher Mittelgebirge 40: 1 bis 70: 1. In Gewässern des Tieflandes postuliert Rother (1997: 50) Werte von 5: 1 bis 10: 1. Die Werte von zwei ausgewählten Pegeln belegen diese Angaben im Erzgebirge (Tabelle 2.3).

Böden und Vegetation

Die Nordausläufer des Erzgebirges ziehen sich teilweise bis in den mitteldeutschen Lössgürtel hinein, sodass in diesen Gebieten fruchtbare Parabraunerden mit hohem Lössanteil vorkommen können. Zum Kamm hin nimmt der Lössanteil jedoch ab (Schmidt 2002: 79f). Nach Schmidt (2002: 281) ist es für die Betrachtung von Böden in deutschen Mittelgebirgen notwendig, eine Unterscheidung in Schichtstufenlandschaften, Rumpfflächenlandschaften und Vulkanlandschaften vorzunehmen. Das Erzgebirge lässt sich, bedingt durch die Tektogenese, den Rumpfflächenlandschaften zuordnen. In diesen haben sich großflächig Braunerdetypen entwickelt. Schmidt (2002: 283f) unterscheidet diese in zwei Gesellschaften:

- Zum einen liegen hauptsächlich in den unteren Lagen Braunerde-Pseudogley-Gesellschaften mit Lösseinlagerungen vor. Auf den Resten tertiärer oder älterer Verwitterungsdecken, die Staunässe aufweisen, kann der Pseudogley jedoch auch auf Hochflächen vorkommen, wo sich unter dafür günstigen Bedingungen sogar Hochmoore entwickeln können. Diese können in den Kammlagen des Erzgebirges häufiger angetroffen werden.

- Zum anderen werden Braunerde-Podsol-Gesellschaften genannt. Diese sind häufig in höheren Lagen auf grobschuttreichen Decken zu finden. Die Podsolierung wird im Erzgebirge durch das feucht-kühle Klima und Nadelwäldern, teils künstlich aufgeforstet, begünstigt.

Zu vergleichbaren Aussagen kommen Kaulfuß & Kramer (2000: 87).

Die Böden im Erzgebirge können nicht immer den oben genannten Gesellschaften zugeordnet werden. Große Heterogenität der Ausgangssubstrate und unterschiedliche Niederschlagsverhältnisse können zu stark differenzierten Bodenabfolgen führen. Hinzu kommt, dass durch den Jahrhunderte langen Bergbau die Landschaft nachhaltig verändert wurde. Viele Böden sind abgetragen oder durch Halden versiegelt worden, auf denen, abhängig vom Substrat und anderen Bedingungen, neue Bodenbildungsprozesse einsetzten.

Als natürliche Vegationsgesellschaft nennt Rother (1997: 53) für die niedriger gelegenen Lagen einen Bergmischwald aus Buchen, Tannen und Fichten und in den höheren Kammlagen eine Fichtenstufe. Die Forstwirtschaft der letzten Jahrhunderte hat diesen „urtümlichen Bergmischwald weithin durch Fichten-Reinbestände ersetzt" (Rother 1997: 54). Durch übermäßige Rodung und den Einfluss von saurem Regen sind viele Gebiete, vor allem in den Kammlagen, völlig entwaldet worden. Erst in den letzten Jahrzehnten konnten neue Bestände angesiedelt werden.

2.3   Bevölkerungs- und Wirtschaftsstrukturen

Besiedlung Sachsens und des Erzgebirges im 12. und 13. Jahrhundert

Für die Besiedlung des Erzgebirges, und damit auch für die Gründung von Seiffen, war die deutsche Ostbewegung im 12. und 13. Jahrhundert ausschlaggebend. Diese wurde durch eine dynamische Entwicklung des gesellschaftlichen Lebens in West- und Mitteleuropa ausgelöst, die sich durch starke Bevölkerungszunahme und „qualitative Veränderungen in Gesellschaft, Herrschaft und Kirche bemerkbar machte" (Blaschke 2000: 11). Dies führte unter anderem zur Besiedlung des heutigen Sachsens durch deutsche Bauern aus Flandern, Thüringen, Niedersachsen und Franken (Blaschke 2000: 11ff). Nach Angaben von Blaschke (2000: 11) kamen auf 40.000 in Sachsen siedelnde Slawen 200.000 Siedler aus westlich gelegenen deutschen Stammländern. Zu den neu besiedelten Bereichen gehörte auch der bis dahin unerschlossene und unbewohnte Wald, der das Erzgebirge bedeckte und den Namen Miriquidi trug, was mit Dunkelwald übersetzt werden kann (Kowalke 2000a: 104). Wichtige Zugänge in das Erzgebirge waren die Flusstäler, die von Nord nach Süd kolonisiert wurden. Von der Obrigkeit eingesetzte Locatoren legten nach Erkundungen Plätze für Siedlungen fest, die dann gerodet und bevölkert wurden (Kowalke 2000a: 104). Dabei entstanden Dörfer mit planmäßigem Grundriss. Im Erzgebirge sind aus dieser Zeit die charakteristischen Waldhufendörfer erhalten geblieben, die an das Gelände angepasste Reihendörfer darstellen (Kowalke 2000a: 104ff). Trotz häufig ungünstiger Bedingungen war in den ersten Jahren Landwirtschaft vorrangig.

Die Kolonisten brachten in die neu besiedelten Gebiete höher entwickelte Arbeitsmethoden und verbesserte Wirtschaftsproduktivität mit. Dadurch wurden Überschüsse erwirtschaftet, die auf Märkten verkauft werden konnten. Die Beziehung zwischen Ware und Geld verursachte eine erhöhte und ausdifferenzierte Arbeitsteilung und die Entstehung von Handwerksberufen (Blaschke 2000: 11). Aus dieser Entwicklung heraus resultierte die Entstehung von Städten. Dieser Hergang war auch im Erzgebirge zu beobachten. Militärische Stützpunkte, Burgen und Vorwerke, die im Gebirge an den wenigen Handelswegen zum Schutz errichtet worden waren, übten eine anziehende Wirkung auf Siedler aus und generierten dadurch ebenfalls die Entstehung von Städten. Beispiel hierfür ist die Stadt Frauenstein (Müller o.D. URL).

Im Jahr 1168 wurde in Christiansdorf an der Freiberger Mulde, ein Dorf, aus dem sich später die Stadt Freiberg entwickelte und das auf Geheiß des Markgrafen Otto von Meißen gegründet worden war, Silbererz gefunden, was zum explosionsartigen Ausbau und Aufblühen des Erzbergbaus im Erzgebirge und damit zu weiteren Siedlungsgründungen führte (Wagenbreth & Wächtler 1990: 22). Der Bergbau verschaffte dem Markgrafen erhöhte Einkünfte und stärkte die Wirtschaft maßgeblich. Die Stadt Freiberg, die das erste Bergrecht erstellte, wurde zu einem Zentrum der Handelsbeziehungen und des Münzwesens in Mitteleuropa (Blaschke 2000: 13). Zur Landwirtschaft und zum städtisch-bürgerlichen Gewerbe kam neben Silbererzen auch durch Kupfer-, Eisen-, Blei- und Zinnerze die Bergwirtschaft als „dritte tragende Säule" (Blaschke 2000: 13) hinzu. Bald wurde der Bergbau zur dominanten Wirtschaftsbranche, was auch durch das Freiberger Bergrecht gefördert wurde. Dieses beinhaltete zum Beispiel, dass die Bauern gezwungen waren, „jedem Bergbauwilligen das Schürfen auf seinem Acker zu gestatten" (Blaschke 2000: 13).

Bevölkerungsrückgang im 14. Jahrhundert und Bürgerliche Bewegung vom 15. Jahrhundert bis zum 17. Jahrhundert

Das 14. Jahrhundert war von ungünstigen Witterungsverhältnissen geprägt. Kälteperioden und Starkniederschläge in ungewöhnlichen Ausmaßen führten zu Ernteausfällen. Folgen waren Hungersnöte. Hinzu kamen Krankheiten, wie die Ruhr und Pestpandemien (Bork et al. 1998: 165f). Die Ereignisse führten zu erhöhter Sterblichkeit. Nach Bork et al. (1998: 165) verlor in Europa und Deutschland ein Drittel der Bevölkerung ihr Leben. Ortschaften fielen wüst und landwirtschaftliche Nutzfläche wurde brach gelegt. Immer wieder wird von den Autoren besonders die missliche Lage in höheren Regionen, also in den deutschen Mittelgebirgen betont (Bork et al. 1998: 165ff). Die Vorfälle werden an Sachsen und im Erzgebirge nicht spurlos vorbei gezogen sein. Auch im sächsischen Raum und vor allem in Mittelgebirgsregionen mit ungünstigen landwirtschaftlichen Voraussetzungen stagnierte die Bevölkerungszahl bzw. ging in weiten Landesteilen zurück.

Nach dieser Stagnation folgte im 15. Jahrhundert ein gesellschaftlicher Aufschwung, der durch Bevölkerungszunahme gekennzeichnet war (Blaschke 2000: 14).

Die dynamische Entwicklung im 15. Jahrhundert im Erzgebirge wurde durch einen Silbererzfund in der Nähe der heutigen Stadt Schneeberg im Jahr 1470 eingeleitet. Der Silberbergbau blühte auf. Städte wie Marienberg oder Annaberg entstanden. Die Städtedichte nahm zu. Der Bedarf an Arbeitskräften generierte eine Bevölkerungszunahme. Die Bergbautechnik entwickelte sich rasant weiter, es entstanden Pferdegöpel, Nasspochwerke, Pumpwerke, Kehrräder und Hochöfen. Ein weitläufiges Kunstwassernetz wurde aufgebaut. Negative Folgen waren erste Schäden des Waldes durch massiven Holzeinschlag und erste Rauchschäden in Hüttennähe (Blaschke 2000: 14). Der Silberbergbau im Erzgebirge verhalf Sachsen zu Reichtum. Die Wirtschaft erhielt starke

Impulse. Die Einkünfte des Landesherren wurde 1537 zu 72% von erzgebirgischem Silber gedeckt. Die Förderung des Silbererzes erreichte in diesem Jahr mit 34.000 kg ihren Höhepunkt im Westerzgebirge (Blaschke 2000: 14). Die Bergwirtschaft entwickelte sich zu einer frühen Form des Kapitalismus, bei dem kapitalkräftige Eigner der Gruben Lohnarbeiter als Häuer anstellten (Blaschke 2000: 14).

Die Bevölkerungszunahme und die wirtschaftliche Expansion führten zu einem Erstarken der Städte. Dabei kam es zu einer zunehmenden Arbeitsteilung und Bedeutung für das Umland als Zulieferer gewerblicher Produkte (Blaschke 2000: 15). Die Städte wuchsen aufgrund begrenzender Stadtmauern in die Höhe. Auf die Häuser wurden mehrere Stockwerke aufgesetzt. Es wurde üblich, dass gut gestellte Bürgerfamilien andere Familien als Mieter aufnahmen, womit „der mittelalterliche Grundsatz 'Ein Haus - eine Familie'" (Blaschke 2000: 15) dahin schwand. Das Bürgertum gewann in den Städten immer mehr an Geltung. Der Adel konnte in seiner endgültigen Verwaltungsfunktion jedoch noch nicht abgelöst werden. Dennoch spricht Blaschke (2000: 16) von „frühbürgerliche[r] Bewegung". Diese wurde durch eine „geistige und religiöse" (Blaschke 2000: 16) Bewegung verstärkt, welche von der Reformation ausgelöst worden war.

Krise des 17. Jahrhunderts und Industrialisierung vom 18. Jahrhundert bis Anfang des 20. Jahrhunderts

Die bürgerliche Bewegung flaute Mitte des 17. Jahrhunderts ab (Blaschke 2000: 16). Ein „Tiefstand aller Lebensverhältnisse" (Blaschke 2000: 16) wurde in Sachsen mit dem Dreißigjährigen Krieg erreicht. Impulse erhielt das Erzgebirge in dieser Zeit durch den Zuzug von 150.000 Exulanten, die aus Böhmen vertrieben worden waren. Die Ansiedlung dieser Flüchtlinge führte zur Gründung weiterer Ortschaften und Entstehung beziehungsweise zum Ausbau von Gewerken (Kowalke 2000a: 111ff). Dazu gehörte beispielsweise der Instrumentenbau.

Ende des 17. Jahrhunderts war das Erzgebirge durch ungünstige Witterungsverhältnisse von Ernteausfällen, starker Teuerung, Armut und extremer Hungersnot geprägt. Hinzu kam der Siebenjährige Krieg, sodass die Bevölkerungszahl stagnierte beziehungsweise in einigen Regionen des Erzgebirges sank (Bork et al. 1998: 257f; Sewart 1994). Ein Aufschwung konnte erst mit der Industrialisierung umgesetzt werden. Die vorhandenen Verarbeitungsstrukturen in den Städten des Erzgebirges begünstigten diese. Zum Aufschwung beigetragen hat auch die Gründung der ersten Bergakademie für Montanwissenschaften in Freiberg, die durch Bildung und Wissenschaft qualifizierte Arbeiter und Förderungstechniken hervorbrachte, die Bergbau und Industrialisierung verbanden (Blaschke 2000: 17; Zemmrich 1991: 110f). Folgende Faktoren bedingten laut Blaschke (2000: 17ff) den schnellen Einzug der Industrialisierung im Erzgebirge:

- Die Industrialisierung konnte an traditionsreiche, vorindustrielle Gewerbegebiete anknüpfen.

- Die aus England eingeführten Spinnmaschinen stießen im Erzgebirge und im Erzgebirgsvorland auf Regionen, in denen Textilgewerbe schon angesiedelt war, zum Beispiel in Zwickau. An diesen Standorten fanden die neuen Maschinen in ihrer ursprünglichen Form rasche Aufnahme und Weiterentwicklung.

- Außerdem verfügte das Erzgebirge über viele Flüsse mit ausreichend Gefälle, um Fabriken mit Wasserkraft anzutreiben. Dieser Vorteil war bis mindestens 1830, als die Dampfmaschine in Sachsen eingeführt wurde, von großer Bedeutung. Die Wasserkraft konnte auch deshalb effektiv genutzt werden, weil durch die Bergwirtschaft weitreichende Wasserwirtschaftssysteme entstanden waren.

- Erfahrung mit Textilmaschinen und mit Metallverarbeitung aus Erzen ebneten den Weg für den Maschinenbau, welcher sich vor allem in Chemnitz etablierte. Dieser Schwerpunkt entwickelte sich im Raum Zwickau-Chemnitz-Zschopau zur Kraftfahrzeugindustrie weiter. Im Jahr 1826 wurde die erste Maschinenfabrik in Betrieb genommen.

- Der Holzreichtum des Erzgebirges diente der Erzeugung von Holzkohle, die für Dampfmaschinen genutzt werden konnte, und der Lieferung von Rohstoffen für die Papierherstellung. So konnten sich zusätzlich Maschinen der Papierindustrie etablieren.

Durch verstärkte Förderung von Erzen im Ausland und fallende Preise von Metallen war der Bergbau im Erzgebirge bald nicht mehr ohne Zubuße rentabel. Nach und nach wurden deshalb die Gruben aufgegeben. Der Silberbergbau kam 1913 zum Erliegen (Zemmrich 1991: 111). Erhalten blieben einige Steinbrüche auf Festgestein.

In allen Phasen der Geschichte des Erzgebirges entwickelten sich in Krisenzeiten bestimmter Gewerbe traditionsreiche Produktionszweige des Handwerks als Nebenerwerb. Dazu gehören beispielsweise Klöppeln, Nagelschmiederei, Posamentenfertigung, Instrumentenbau, Spielzeugherstellung oder Schnitzen (Kowalke 2000a: 107).

Die Bevölkerungszahlen nahmen während der Industrialisierung im Erzgebirge zu. Die Tendenz zieht sich bis ins 20. Jahrhundert hinein. Stellvertretend dafür ist in Abbildung 2.2 die Entwicklung der Einwohnerzahl von Chemnitz dargestellt. Damit einher ging eine Erhöhung der Bevölkerungs- und Siedlungsdichte.

Abbildung 2.2: Einwohnerzahlen von Chemnitz 1834 bis 1939

Datenquelle: Kowalke 2000a: 119

Bevölkerung und Wirtschaft im 20. Jahrhundert und heute

Der Zweite Weltkrieg hatte in vielen Betrieben, vor allem der Maschinenbaubranche, die Umstellung auf Kriegsproduktion zur Folge. Die Kriegshandlungen führten wieder zu einem Rückgang der Bevölkerungszahl im Erzgebirge, einer zerstörten Infrastruktur und dem Zuzug von Flüchtlingen (Kowalke 2000a: 137). Nach Kriegsende fiel Sachsen und damit auch das Erzgebirge unter sowjetische Besatzungsmacht und wurde 1949 Teil der Deutschen Demokratischen Republik (DDR).

Deutschland wurde in zwei Wirtschaftsräume aufgespalten: Die Bundesrepublik Deutschland (BRD) mit einer Freien Marktwirtschaft und die DDR mit einer zentral gesteuerten sozialistischen Planwirtschaft. Der Wirtschaft der DDR standen damit nur sehr beschränkte Zugänge zu westlichen Märkten offen. Die Märkte der Union der Sozialistischen Sowjetrepubliken (UdSSR) waren ihr hingegen uneingeschränkt zu-gänglich. Abnahme der Waren nach Osten hin war garantiert.

Direkt nach Kriegsende begann auf Befehl der sowjetischen Besatzung die Demontage von Industrie. Nach Angaben von Kowalke (2000b: 139) wurden in Sachsen 676 Anlagen, die zur technischen Infrastruktur gehörten, und Industriebetriebe abgebaut. Hinzu kam die Verstaatlichung von Privateigentum. In Sachsen gingen von 37.000 Unternehmen 23.000 in Staatseigentum über (Kowalke 2000b: 138). Trotz dieser Entwicklung wies Sachsen Potenziale und günstige Bedingungen für einen erneuten industriellen Aufbau auf. Diese Potenziale lagen in einem traditionell verankerten und breiten Branchenangebot, einer hohen Dichte an Ortschaften und Betrieben und einem hohen Qualifikationsgrad der Bevölkerung (Kowalke 2000b: 143).

Neben der Verstaatlichung von Betrieben im industriellen Bereich wurde nach Kriegsende auch eine Bodenreform durchgeführt, bei der Großgrundbesitzer enteignet und das Land verteilt wurde. Später wurden Genossenschaften in der Landwirtschaft organisiert. Die Bedeutung Landwirtschaftlicher Produktionsgenossenschaften (LPG) und der Landwirtschaft im Allgemeinen ist jedoch im Erzgebirge eher als untergeordnet einzuschätzen, da es sich aufgrund der naturräumlichen Ausstattung um einen Grenzstandort für landwirtschaftliche Nutzung handelte und auch heute noch handelt. Das gilt für das Westerzgebirge noch mehr, als für das Osterzgebirge.

Das Hauptaugenmerk der Wirtschaft in der DDR im Erzgebirge lag auf Handwerk und Industrie. Branchenschwerpunkte waren: Maschinen- und Fahrzeugbau, Stahl- und Walzwerke sowie Leicht- und Schwerindustrie (Kowalke 2000b: 151). Die Betriebe wurden hierarchisch in Kombinaten organisiert. Die oberste Stufe war der Kombinatsstammbetrieb mit Sitz der Leitung. Auf zweiter Ebene standen selbstständige (ökonomisch und juristisch) Kombinatsbetriebe. Auf unterster Stufe wurden Arbeits- und Produktionsstätten zugeordnet, die von den Kombinatsbetrieben abhängig waren. Förderung und Investition erreichte die Produktionsstätten nicht, weshalb diese durch hohe Verschleißerscheinungen gekennzeichnet waren (Kowalke 2000b: 152).

Einen Aufschwung erfuhr in der DDR wieder der Bergbau im Erzgebirge. Die UdSSR hatte sich einen Ausbau der Atomwaffentechnik als Ziel gesetzt. Für die Förderung von dazu benötigtem Uranerz gründete sie die Sowjetische Aktiengesellschaft (SAG) Wismut. Der Abbau begann 1946 in Johanngeorgenstadt und Schlema. Insgesamt wurden 220.000 t Uranerz in die UdSSR geliefert. Vor allem ab 1950 breitete sich der Uranerzbergbau durch die SAG Wismut im Erzgebirge aus, wo schon 1789 Uran im Gestein nachgewiesen werden konnte (Kowalke 2000b: 148). Die SAG Wismut entwickelte sich zu einem bedeutenden Arbeitgeber. Insgesamt arbeiteten bei ihr 500.000 Personen. Um die Bergmänner mit ihren Familien unterzubringen, wurden große Wohnsiedlungen und Neubau-Gebiete errichtet. Beispiele hierfür sind Johanngeorgenstadt und Aue. Die Bevölkerungszahlen in den Städten stiegen. Nach der Übergabe der Gesellschaft an die BRD 1991 hinterließ der Uranerzbergbau immense Umweltschäden im Erzgebirge (Kowalke 2000b: 148).

Das Bestreben der DDR-Regierung nach wirtschaftlicher Autarkie hatte auch das Aufblühen des Zinnbergbaus um Altenberg zur Folge. Der Betrieb wurde hauptsächlich zwischen 1980 und 1989 ausgeführt. Die Einstellung der Förderung erfolgte 1991.

Aufgrund der garantierten Einbindung der DDR-Wirtschaft in den Markt der UdSSR waren die wirtschaftlichen Entwicklungen in der DDR abgekoppelt von den Tendenzen auf dem Weltmarkt (Kowalke 2000c: 166). Schon in den 1960er Jahren kam es in westlichen Ländern zu einem Strukturwandel von einer Industriewirtschaft hin zu einer Dienstleistungsgesellschaft. Noch 1989/90 war die Wirtschaft in Ostdeutschland industriell geprägt. In diesen Jahren waren 50% der Beschäftigten in der Industrie tätig (Kowalke 2000c: 166). Der Strukturwandel konnte nur verzögert vollzogen werden. Dabei hatte die Wirtschaft in Sachsen und im Erzgebirge folgende Probleme zu bewältigen (Kowalke 2000c: 167):

- unproduktive Kostenrelationen und daraus resultierende Konkurrenzunfähigkeit

- ineffektiver und überhöhter Besatz an Arbeitskräften

- veraltete Kapitalstöcke und Arbeitsmethoden

- starke Verschleißerscheinungen an ehemaligen Produktionsstätten der Kombinate

- mangelnde Infrastruktur und fehlende Erfahrungen beim Vertrieb von Waren und beim Umgang mit Konkurrenz

Der Strukturwandel wird bei der Betrachtung von Beschäftigtenzahlen deutlich. Die Veränderung der Beschäftigtenzahlen der Industrie im Erzgebirgsraum sind in Tabelle 2.4 dargestellt.

In Abbildung 2.3 wird die Entwicklung der Beschäftigtenzahlen von ganz Sachsen dargestellt. Deutlich ist zu erkennen, dass die Zahl der Erwerbstätigen im Bergbau und im verarbeitenden Gewerbe stark zurück gegangen ist. Die Folgen im Erzgebirge, das hauptsächlich von dieser Branche geprägt wurde, waren entsprechend schwerwiegend. Gleiches gilt für die Land- und Forstwirtschaft. Zugenommen hat die Zahl der Beschäftigten im Dienstleistungssektor, was ein Hinweis für den Wandel von der Industrie- zur Dienstleistungsgesellschaft ist. Der Handel hatte Einbußen zu verzeichnen. Das kann damit begründet werden, dass die Nachfrage nach Produkten aus Ostdeutschland sank (Kowalke 2000c: 174). Die Zahl der Beschäftigten im Baugewerbe stieg durch Investitionen und Erneuerungsbedarf der Infrastruktur und Gebäude.

Tabelle 2.4: Entwicklung der Beschäftigtenzahlen der Industrie im Erzgebirgsraum 1992 zu 1991 in Prozent

Datenquelle: Kowalke 2000c: 176

	Oberes Elbtal/ Osterzgebirge	Chemnitz/ Oberes Erzgebirge	Westerzgebirge/ Vogtland
Eisenschaffende Industrie	k.A.	k.A.	-43,4
Maschinenbau	-48,8	-48,5	-33,7
Chemische Industrie	-30,8	-34,7	-27,6
Steine und Erden	-39,2	-26,5	-32,4
Stahl- und Leichtmetallbau/ Schienenfahrzeugbau	-11,5	-2,5	-14,0
Elektrotechnik/ Elektronik	-53,3	-59,3	-61,2
Straßenfahrzeugbau	-73,8	-68,6	-36,9
Eisen-, Blech-, Metallwaren	-46,8	-41,7	-30,6
Holzverarb. Gewerbe	-40,1	-33,9	-37,3
Textilindustrie	-60,6	-69,8	-65,0
Bekleidungsindustrie	-59,9	-50,8	-61,9

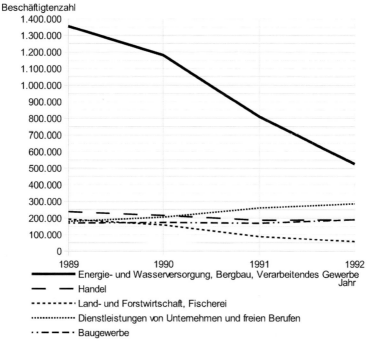

Abbildung 2.3: Entwicklung der Zahl der Erwerbstätigen ausgewählter Wirtschaftsbereiche in Sachsen von 1989 bis 1992

Datenquelle: Kowalke 2000c: 176

Eine Herausforderung nach 1990 war die Privatisierung staatseigener Unternehmen und die Einführung der Sozialen Marktwirtschaft. Die 1990er Jahre waren in Ostdeutschland von strukturellen Schwierigkeiten und verstärkter Abwanderung geprägt. Hinzu kamen Exporteinbrüche, da die Staaten im Osten durch den Wegfall der Verrechnungseinheit des transferablen Rubels nicht mehr als Markt zur Verfügung standen (Kowalke 2000c: 175).

Bestimmend waren in der erzgebirgischen Wirtschaft war in der DDR und in den 1990er Jahren Klein- und Mittelbetriebe traditioneller Branchen (Kowalke 2000c: 167f). Landwirtschaft spielte nur eine untergeordnete Rolle, wobei Grünlandnutzung in einigen Regionen bevorzugt wurde (Kowalke 2000c: 172). An dieser Struktur hat sich bis heute nicht viel verändert. Verdeutlicht werden soll dies an einer Gegenüberstellung von drei Landkreisen. Der Landkreis Meißen ist von fruchtbaren Böden geprägt. Ackerbau wird in größerem Maße betrieben. Der Landkreis Erzgebirge repräsentiert die typischen landwirtschaftlichen Strukturen im Erzgebirge. Die Unterschiede innerhalb des Gebirges werden deutlich, wenn der Landkreis Erzgebirge mit dem Landkreis Sächsische Schweiz/ Osterzgebirge verglichen wird. Im Osterzgebirge ist Ackerbau aufgrund der natürlichen Gegebenheiten stärker vertreten (Abbildung 2.4).

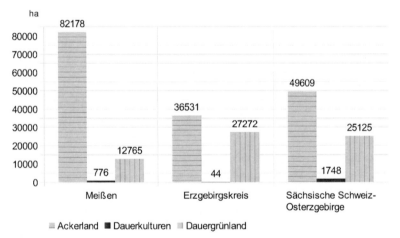

Abbildung 2.4: Flächennutzung der Landwirtschaft in ausgewählten Landkreisen von Sachsen 2007 in ha
Datenquelle: Statistisches Landesamt des Freistaates Sachsen 2012c. Zugriff über GENESIS-online. URL

Wie schon erwähnt sind für das Erzgebirge Klein- und Mittelbetriebe traditioneller Branchen typisch. Das Handwerk ist stark vertreten. Bei, im Vergleich mit anderen Regionen Sachsens, geringen Bruttoinlandsprodukten (Industrie- und Handelskammern Dresden, Leipzig, Südwestsachsen & Handwerkskammern Dresden, Leipzig, Chemnitz (Hrsg.) 2005: 47) sind die Landkreise im Erzgebirge von einem hohen Anteil an selbstständigen Unternehmern gekennzeichnet. Der Anteil der Selbstständigen an den Erwerbstätigen lag 2003 zum Beispiel im ehemaligen Landkreis Mittlerer Erzgebirgskreis bei 12-15%. Der Anteil der Arbeitnehmer ist im Erzgebirge im Vergleich zu anderen sächsischen Kreisen mit 86-88% gering (Industrie- und Handelskammern Dresden, Leipzig, Südwestsachsen & Handwerkskammern Dresden, Leipzig, Chemnitz (Hrsg.) 2005: 51).

Während der Blütezeit des Silberbergbaus entwickelte sich das Erzgebirge zu einer Region mit sehr hoher Siedlungsdichte. Diese hat sich bis heute erhalten. Das Erzgebirge ist die Region mit der höchsten Bevölkerungs- und Siedlungsdichte in Sachsen. In einigen Gemeinden südlich von Chemnitz liegt die Bevölkerungsdichte über 500 Einwohner pro km². Nach Osten nimmt die Dichte ab. Im Osterzgebirge liegt die Bevölkerungsdichte teils unter 100 Einwohner pro km² (Industrie- und Handelskammern Dresden, Leipzig, Südwestsachsen & Handwerkskammern Dresden, Leipzig, Chemnitz (Hrsg.) 2005: 23).

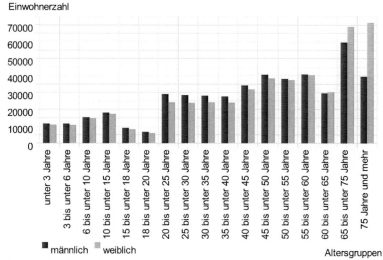

Abbildung 2.5: Altersstruktur in den Landkreisen Erzgebirgskreis, Mittelsachsen und Sächsische Schweiz/ Osterzgebirge 2010
Datenquelle: Statistisches Landesamt des Freistaates Sachsen 2012b. Zugriff über GENESIS-online. URL

Auch das Erzgebirge ist von Abwanderung und Überalterung betroffen. Der demografische Wandel wird in der Altersstruktur sichtbar. Diese ist in Abbildung 2.5 für die Landkreise Erzgebirgskreis, Mittelsachsen und Sächsische Schweiz/ Osterzgebirge, also die Landkreise, die das Erzgebirge abdecken, dargestellt. Der Anteil der Ausländer ist sehr gering. Er ist bei den Einwohnern, die zwischen 30 und 35 Jahre alt sind, mit 3,1% am höchsten (Abbildung 2.6).

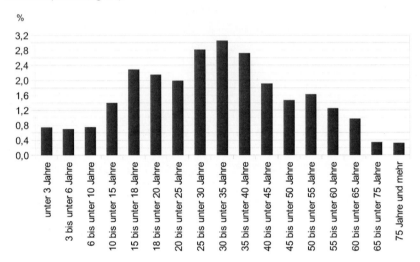

Abbildung 2.6: Anteil der Ausländer bezüglich der Altersgruppen in den Landkreisen Erzgebirgskreis, Mittelsachsen und Sächsische Schweiz/ Osterzgebirge 2010
Datenquelle: Statistisches Landesamt des Freistaates Sachsen 2012b. Zugriff über GENESIS-online. URL

3 Geschichte der Wirtschaft in Seiffen

3.1 Erschließung des Raumes um Seiffen und frühe Siedlungen

Die Erschließung des Raumes um Seiffen (Abbildung 3.1) und die Errichtung der Siedlung Seiffen selbst war eng mit Machtansprüchen böhmischen Adels auf Ressourcen im Erzgebirge verknüpft. Die Kolonisierung verlief geplant und verfolgte den Zweck, Rohstoffe, vor allem Erze, nutzbar zu machen. Die Siedlungen in diesem Raum waren deshalb von Anfang an nicht nur auf Selbstversorgung abgestimmt, sondern vor allem auf Handel mit gefragten Gütern wie Zinn oder Glas. Die Wirtschaft im Areal um Seiffen war seit Gründung erster Niederlassungen auf den Verkauf von Waren und auf entfernte Märkte angewiesen.

Das ab 1168 aufkommende „Berggeschrei" (Kirsche 2005: 36) gelangte auch nach Böhmen, südlich des Erzgebirgskamms gelegen. Die Folgen und die damit zusammenhängende Gründung von Siedlungen im Raum des heutigen Seiffens beschreibt Kirsche (2005: 36-43). Um Wald im Erzgebirge zu besiedeln, Erze zu finden und Bergbau zu betreiben riefen böhmische Adelsfamilien unter anderem Zisterziensermönche aus Bayern an den südlichen Rand des Gebirges, da diese Erfahrung im Erschließen von Land und im Bergbau aufweisen konnten. Die Adelsfamilie Hrabischitze stiftete einer Gruppe von Zisterziensern Land, woraufhin diese bei Ossegg ein Kloster gründeten. Graf Slavko I aus dem Geschlecht der Hrabischitze sicherte die Hälfte der Erträge aus Dörfern, die nördlich des Kammes gegründet werden sollten, dem Kloster zu. Die Besiedlung sollte möglichst weit nach Norden geführt werden.

Da das Erzgebirge, vor allem von Süden her, noch nicht ausreichend erschlossen war, standen den Mönchen nur wenige Straßen und Wege über den Kamm zur Verfügung. Ein solcher war der schon vor dem 11. Jahrhundert bestehende Böhmische Steig, der den Kamm über den Saydaer Pass überwand (Kirsche 2005: 38). Dieser hatte seinen Namen durch die Stadt Sayda erhalten, die in einem Schriftstück von Ossegg 1191 das erste Mal erwähnt wird (Werner 2007: 11). In Sayda trafen bedeutende Handelsstraßen zusammen, auf denen als wichtigstes Gut Salz gehandelt wurde, womit sich der Name „Salzstraße" (Werner 2007: 11) erklärt. Damit kommt dem Ort „seit der beginnenden Besiedlung der Kammregion des Gebirges eine mehr als nur lokale Bedeutung zu" (Werner 2007: 11). Mit Beginn des 13. Jahrhunderts werden in der Region um Sayda Siedlungen gegründet, zu welchen zum Beispiel die Orte Cämmerswalde, Pfaffroda und Schönfeld gehören (Werner 2007:11f).

Einen verstärkten militärischen Schutz erlangte der Passübergang durch den Bau der Burg Purschenstein im Jahr 1209 durch Borso I von der Riesenburg in Böhmen (Werner 2007: 11). Laut Werner (2007: 12f) war nicht nur der Schutz der Handelsstraße Grund zur Gründung einer Burg, sondern auch der Ausdruck von Machtansprüchen auf Gebiete nördlich des Erzgebirgskamms, wo sich das Königreich Böhmen reiche Erzlagerstätten erhoffte. Im Schutz dieser Burg konnten die Mönche aus Ossegg ab 1209 mit der Besiedlung der Räume nördlich des Kamms beginnen.

Nachdem die Zisterzienser den Kamm überwunden hatten, befanden sie sich im Gebiet der heutigen Orte Deutscheinsiedel und Böhmisch Einsiedel. Namen wie Brüderwiese, Pfaffentelle, Brüderweg, Bad Einsiedel oder Brüderberg, heute Grauhübel genannt, belegen laut Kirsche (2005: 39) die Anwesenheit der Mönche in diesem Raum. Mit dem Anlegen von Siedlungen im besprochenen Raum verdichtete sich auch das anfangs nur spärlich ausgebaute Wegenetz, wofür Kirsche (2005: 41) beispielsweise einen 500 m langen Knüppeldamm nordöstlich von Deutscheinsiedel als Hinweis sieht.

Kirsche bezeichnet Brüderwiese als einen „zentralen Ort für die Kolonisierung des gesamten Gebietes" (Kirsche 2005: 39). Das Areal bot günstige Bedingungen für die Niederlassung der Mönche. Den Zisterzienserregeln entsprechend lag es abseits des Hauptweges nach Purschenstein und Sayda. Die seichten Täler waren gut geeignet, um Fischteiche anzulegen. Nicht zuletzt durch den Bau einer Kapelle entwickelte sich Brüderwiese zu einem Nebenkloster von Ossegg. Kirsche (2005: 40) vermutet, dass Brüderwiese als Nebenkloster nach den Plünderungen des Hauptklosters in Ossegg an Bedeutung verlor.

Neben Brüderwiese ist einem weiteren Klosterhof strategische Geltung zuzugestehen, aus dem sich nach Kirsche (2005: 40) der heutige Seiffener Ortsteil Bad Einsiedel entwickelt hat. Weiterhin stellt er die These auf, dass die Mönche die in diesem Areal entspringende Quelle als heilendes Wasser nutzten und den Klosterhof gar aufgrund der Quelle an dieser Stelle errichteten (Kirsche 2005: 41).

Die Mönche des Zisterzienserordens wurden ihrem Auftrag, Rohstoffe und Erzlagerstätten zu finden, gerecht, als sie in Bächen auf Zinnerzgraupen stießen. Der Bach im Aktivitätsraum der Mönche von Brüderwiese und Bad Einsiedel mit den meisten Zinnvorkommen war der heutige Seiffener Bach. Entlang des Frauenbaches in Richtung der Burg Purschenstein, am Frauenbachweg, errichteten die Zisterzienser Glashütten (Kirsche 2005: 43ff; Werner 2007: 15). Zinn und Glas waren als Rohstoffe für kirchlichen Schmuck und für Haushaltsgegenstände geeignet und sehr begehrt. Der Anschluss an die Fernhandelsstraßen ermöglichte einen Absatz der Waren, Produktionssteigerung und wirtschaftlichen Aufschwung der Region (Werner 2007: 15).

Laut Kirsche (2005: 47) lässt sich kein genauer Zeitpunkt ermitteln, an dem sich die Zisterzienser aus den Geschäften der Kolonisierung, der Zinnerzgewinnung und der Glasproduktion zurückzogen. Es liegt nahe, dass dieser Rückzug spätestens bis zur Mitte des 14. Jahrhunderts vollzogen war, da im Raum Rechenberg, wo ein militärischer Stützpunkt in Form einer Burg später als Purschenstein gegründet wurde, keine Flurnamen auf die Anwesenheit oder Tätigkeit der Mönche hinweisen (Kirsche 2005: 47). Der Einfluss durch Mönche in der Region wurde von weltlichen Herrschern abgelöst. So wird die Familie von Schönberg von den albertinischen Herzögen im Jahr 1352 mit der Burg Purschenstein belehnt. Purschenstein bekam damit die Funktion einer Grenzfestung der Wettiner (Werner 2007: 15).

Das Geschlecht von Schönberg war lange Zeit in führenden Kreisen des Freiberger Oberbergamtes tätig. Es stellte viele Jahre den sächsischen Oberberghauptmann (Werner 2007: 15) und gehörte zu den einflussreichsten Adelsfamilien in Sachsen. Donath (o.D.: 5) zählt 216 Rittergüter auf, die im Besitz der Familie von Schönberg waren beziehungsweise sind. Welche Bedeutung die Familie für das Umland des heutigen Seiffens hatte, wird an Namen wie Ober-Neuschönberg, Purschensteiner Wald oder Wettinweg sichtbar. Dass das Gebiet zur Grenzregion wurde und damit Potenzial für Grenzkonflikte besaß, beweist unter anderem der Flurname Zankheide.

Der heutige Ort Seiffen entstand aus einer Streusiedlung, die um den Seiffener Bach errichtet wurde und immer mehr Verdichtung erfahren hat. Als offizielles Gründungsjahr gibt eine Urkunde das Jahr 1324 an. Es ist jedoch anzunehmen, dass schon eher Siedlungen im heutigen Ort Seiffen bestanden (Werner & Wächtler 2005: 70).

Im 17. Jahrhundert kam es zu einem Zustrom von Exulanten aus Böhmen, die aufgrund ihres Glaubens vertrieben worden waren. Für die Vertriebenen wurden 1666 die Siedlungen Heidelberg und Oberseiffenbach gegründet (Werner 2007: 71). Im Laufe der weiteren Entwicklung wuchs Seiffen mit der Siedlung Heidelberg physiognomisch zusammen. Oberseiffenbach und Heidelberg sind heute Ortsteile der Gemeinde Seiffen.

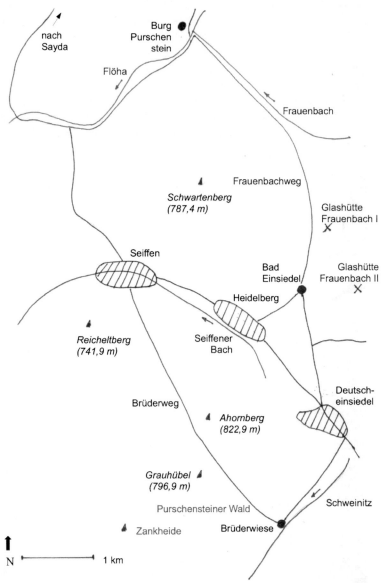

Abbildung 3.1: Umgebungsskizze von Seiffen zu wichtigen Niederlassungen und Wegen bezüglich der Siedlungsgenese des Raumes um Seiffen

nach: Kirsche 2005: 36ff, Werner & Wächtler 2005: 68ff; Werner 2007: 11ff

Höhenangaben nach: Staatsbetrieb Geobasisinformation und Vermessung Freistaat Sachsen 2008

3.2 Seiffener Bergbau

Übersicht

In Seiffen lagen drei verschiedene Erzlagerstätten vor, die im Vergleich zu anderen Lagerstätten im Erzgebirge jedoch weniger Umfang aufwiesen (Wagenbreth & Wächtler 1990: 189):

- Östlich des Ortszentrums fand sich im stark zerklüfteten Gneis eine stockförmige Zinnerzlagerstätte.

- Südlich davon gab es ca. zehn Erzgänge mit nordöstlicher Streichrichtung, die neben Zinnerz mit Flussspat, Arsenkies, Roteisenerz und Kupferkies versehen waren. Werner & Wächtler (2005: 75) nennen auch das Vorkommen von Silbererz.

- Von der abbauwürdigen Zinnerzmasse im Zentrum des heutigen Ortes zogen sich in südwestliche Richtung im und um den Seiffener Bach Zinnseifen bis zur Mündung in die Schweinitz hin. Zinnsteinkörner (Graupen), die durch Verwitterung aus den Gängen heraus gelöst worden waren, hatten sich in den Schottern und Sanden des Baches abgelagert.

Die Entwicklung des Seiffener Bergbaus teilen Wagenbreth & Wächtler (1990: 191) in drei Hauptperioden ein.

Erste Hauptperiode

Die Mönche, die den Raum besiedelt hatten, entdeckten das Zinnvorkommen zuerst in den Seifen des nun danach benannten Seiffener Baches. Diese Lagerstätte, die wirtschaftliche Gewinne versprach, blieb nicht geheim und Siedler ließen sich im beschriebenen Areal nieder. Es entstand eine Streusiedlung, die ihren Namen der Art der Lagerstätte verdankt: Seiffen (Werner &Wächtler 2005: 74). Älteste urkundliche Erwähnung finden die „Czyn sifen" 1324 im Lehnsvertrag über die Herrschaft Sayda-Purschenstein (Wagenbreth & Wächtler 1990: 191). Nach Wagenbreth & Wächtler (1990: 191) wurde bis um das Jahr 1480 das Zinn nur aus Seifen durch Auswaschen der Sande gewonnen. Die Seifenwerke nahmen dabei mit 30-60 m die gesamte Talsohle des Seiffener Baches ein (Werner & Wächtler 2005: 75; Wagenbreth & Wächtler 1990: 191).

Nach Werner & Wächtler (2005: 75) ist es aufgrund mangelnder Unterlagen nicht möglich, den Umfang der Erzgewinnung bis zum Dreißigjährigen Krieg zu ermitteln. Indirekte Hinweise liefern Berechnungen zum Bergzehnten, eine Steuer, die an die Herrschaft in Purschenstein abgeliefert werden musste. Im Jahr 1576 betrug die Masse des eingeschmolzenen Zinns aus Seiffen laut Werner & Wächtler (2005: 75) 56 Zentner. Das letzte Seifenwerk wurde 1695 in Betrieb genommen. Zwei Mutungen, jedoch ohne nachfolgende Inbetriebnahme, erfolgten 1746 und 1749 (Wagenbreth &Wächtler 1990: 191).

Zweite Hauptperiode

Mit Beginn des Bergbaus im festen Gestein (Abbildung 3.2), womit die zweite Hauptperiode angesetzt wird, konnte gegenüber den Seifenwerken eine Steigerung der Fördermenge und somit des Gewinns erfolgen. Das Abbauen von Zinn aus festem Gestein setzte in Seiffen nach Wagenbreth & Wächtler (1990: 191) um 1480 ein. Ab dem 17. Jahrhundert liegen nach Werner & Wächtler (2005: 75) genauere Zahlen zur Wirtschaftlichkeit der Zinngewinnung vor. So sei „von 1650 bis 1727 eine kontinuierliche Steigerung der Produktion von 5 auf 400 Zentner jährlich" (Werner & Wächtler 2005: 75) zu verzeichnen gewesen. Im Jahr 1730 seien sogar 500 Zentner erschmolzen worden (Werner & Wächtler 2005: 80). Die mit dem Abbau von Erz aus dem festen Gestein einhergehende Produktionssteigerung führte zu einem Anwachsen der Siedlung und der Bevölkerungszahlen. Werner & Wächtler (2005: 75) geben über die Einwohnerzahlen folgende Auskunft: Im Jahr 1486 wohnen in Seiffen 13 Familien, 1583 sind es 39 und 1684 leben im Ort 53 Familien.

Die Arbeit unter Tage in Seiffen, wo zumeist durch Feuersetzen abgebaut wurde (Werner 2007: 41ff; Werner & Wächtler 2005: 76), erwies sich als zu gefahrvoll und zu teuer, sodass zum Tagebau übergegangen wurde. Ab dem 16. Jahrhundert dominierte nach Werner & Wächtler (2005: 76) demnach die Arbeit über Tage. Die Tagebaue ähnelten Steinbrüchen, die Pingen genannt wurden. Die beiden großen Pingen Seiffens sind die 1570 erstmalig erwähnte Neuglück-Pinge und die 1593 erstmals genannte Geyerin (Wagenbreth & Wächtler 1990: 192).

Für die Entwässerung der Neuglück-Pinge und der Geyerin, zur Bewetterung in Tiefbaugruben und zur Förderung von Erzen war der Bau von Stolln notwendig. Wagenbreth & Wächtler (1990: 192) beschreiben zwei von Ihnen:

- Im Jahr 1550 wurde der Johannisstolln angesetzt, der nach 340 m die Geyerin unterfuhr und mit ihr durch einen 7,4 m tiefen Schacht verbunden wurde. Der Stolln führte weitere 260 m in das Gebiet der Erzgänge hinein.

- In einem Niveau, das 28 m unter dem Johannisstolln lag, wurde der Tiefe Heilige Dreifaltigkeit Stolln angesetzt, der nach 1.070 m die Geyerin unterfuhr und weitere 415 m nach Südosten ins Gestein getrieben wurde. Der Stolln wurde mit beiden Pingen verbunden. Die Schächte sind 25,3 m von der Geyerin und 18 m von der Neuglück-Pinge tief auf das Niveau des Tiefe Heilige Dreifaltigkeit Stollns angelegt worden.

Der Weiterverarbeitungsprozess des geförderten Erzes machte die Errichtung von Pochwerken notwendig, in denen das Gestein zerkleinert wurde. In Nasspochwerken wurde der zertrümmerte Zwitter dann mit Wasser aufgeschlämmt und der Zinnstein konnte ausgewaschen werden. In Seiffen gab es laut Wagenbreth & Wächtler (1990: 192) 33 Nasspochwerke. Das älteste war das Pochwerk an der Neuglück-Pinge, das 1545 erstmals Erwähnung findet (Wagenbreth & Wächtler 1990: 192). Für den Antrieb der Pochwerke und für das Auswaschen des Zinns waren große Wassermengen erforderlich, die der Seiffener Bach allein nicht bieten konnte. Aus diesem Grund wurde mit Kunstgräben ein für das Erzgebirge typisches Wasserwirtschaftssystem im Seiffener Revier geschaffen (Wagenbreth &Wächtler 1990: 190ff; Werner & Wächtler 2005: 76). Um 1600 entstand der Heidegraben, der Wasser aus dem östlich gelegenen Quellgebiet der Schweinitz heranführte. Außerdem wurden der nördliche und der südliche Pochwerksgraben ausgehoben. Um auch in Trockenzeiten einen Wasservorrat zu haben, wurde der Seiffener Bach an mehreren Stellen angestaut. Neben den Pochwerken beschreibt Werner (2007: 77ff) auch eine Schmelzhütte in Seiffen.

Schon während der blühenden Bergbau- und Besiedlungsphase in Seiffen ergab sich eine im Vergleich zu umliegenden Ortschaften bemerkenswerte Sozialstruktur, die besonders von Werner & Wächtler (2005: 75f) betont wird. Für die meisten Familien in Seiffen war Landwirtschaft als Lebensgrundlage ausgeschlossen. Neben der ungünstigen naturräumlichen Ausstattung in der Kammregion war dafür vor allem der Umstand verantwortlich, dass die Familien „sehr kleine Häuschen mit wenig Grundbesitz" (Werner & Wächtler 2005: 75) bewohnten. Die Menschen waren als Zinnseifner oder Bergleute „'gewerblich' tätig" (Werner & Wächtler 2005: 75). Laut Werner & Wächtler (2005: 75) ist die Erwähnung kleiner Häuser nur für den Ort Seiffen nachweisbar. Die Einwohner in anderen Ortschaften wurden als „Erbbesitzer mit Erbstücken" (Werner & Wächtler 2005: 75) bezeichnet, hatten also größere Höfe, sodass sie Landwirtschaft betreiben konnten und die Gewinne daraus als Lebensgrundlage hatten. Seiffener Einwohner waren Eigenlöhner beziehungsweise Eigenlehner und somit Besitzer von kleinen Bergbaubetrieben oder Zinnseifen (Löscher o.D.: 269). Sie waren in eigener Verantwortung auf den Bergbau angewiesen und mussten sich in Krisenzeiten Strategien einfallen lassen, um überleben zu können. Seiffen war also von Anfang an eine Gewerbesiedlung, die nicht auf Landwirtschaft als Grundlage baute und somit für damalige Verhältnisse eine untypische Wirtschaftsstruktur für ein Dorf aufwies. Die Organisation als Eigenlöhner und nicht als Lohnarbeiter zeigte sich auch darin, dass die Pingen in Strossen zu je 6-8 m Breite und 8-12 m Länge aufgeteilt waren, die an die Eigenlöhner verliehen wurden (Wagenbreth & Wächtler 1990: 192). Aus der kursächsischen Bergordnung, die auf den 12. Juni 1589 datiert ist, geht laut Löscher (o.D.a: 269) hervor, dass höchstens vier Personen eine Grube selbst bauen und verwalten durften. Gemeinsam können sie mehrere Zechen betreiben. Ab fünf Bergleuten muss eine Gewerkschaft gegründet werden. Laut Löscher geht die Beschränkung auf vier Eigenlöhner auf „die ursprüngliche Einteilung eines Berggebäudes in 4 Schichten" (Löscher o.D.a: 269) zurück.

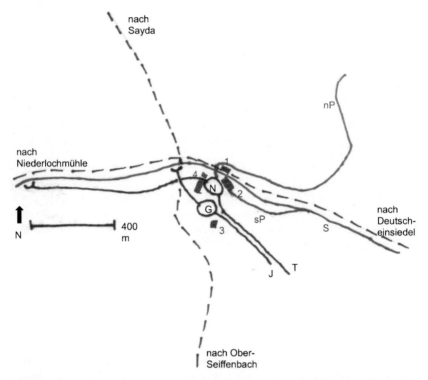

Abbildung 3.2: Bergbautechnische Anlagen während der zweiten Hauptperiode des Bergbaus in Seiffen

Bezeichnungen: 1 Schmelzhütte und Bergamt; 2 drei Pochwerke an der Pinge; 3 Bergschmiede; 4 Bergmannshäuser; N Neuglück-Pinge; G Pinge Geyerin; J Johannisstolln; T Tiefe Heilige Dreifaltigkeit Stolln; S Seiffener Bach; nP nördlicher Pochwerksgraben; sP südlicher Pochwerksgraben

nach einem Entwurf von Schönfelder und Werner aus: Wagenbreth & Wächtler 1990: 190

Zu Eigentumsverhältnissen der Zinnerzreviere macht Löscher (o.D.: 36) folgende Angaben: Inhaber des Regals in sächsischen Gebieten mit Zinnbergbau waren zu allen Zeiten die Herrschaftsbesitzer und Grundherren des jeweiligen Gebietes und nicht, wie es im Silberbergbau der Fall war, die Landesherren. Somit hatte der Grundherr die Anlage von Bergmannssiedlungen zu verantworten. Im Seiffener Revier würde es sich demnach um die Familie von Schönberg als Herrschaftsbesitzer handeln.

Dritte Hauptperiode

Wagenbreth & Wächtler (1990: 193) setzen den Beginn der dritten Hauptperiode ab dem Jahr 1765 mit dem Rückgang des Seiffener Bergbaus an. So seien in einer Karte von 1720 noch 40 Gruben namentlich aufgeführt worden, wohingegen in den Jahren von 1775 bis 1784 nur noch 13 bis 20 Gruben von Eigenlöhnern betrieben worden wären. Diese förderten nur noch mit einfachen Haspeln aus 20-30 m Tiefe. Nach Wagenbreth & Wächtler (1990: 194) gab es ab 1787 in Seiffen keine Gruben von Eigenlöhnern mehr. Dem vorletzten Seiffener Schichtmeister Lindner gelang es in den Jahren 1840 bis 1845 noch einmal, reiche Zinnausbeuten zu erwirtschaften (Wagenbreth & Wächtler 1990: 194). Durch die Gewerkschaft Saxonia wurde der Bergbau im Ort in den Jahren von 1849 bis 1852 ein letztes Mal verstärkt. Laut Wagenbreth & Wächtler (1990: 194) standen dabei jedoch 110 Taler Erlös aus Zinnverkauf 2.000 Talern Lohnkosten gegenüber. Das endgültige Ende des Bergbaus in Seiffen datieren die Autoren in das Jahr 1855 (Wagenbreth & Wächtler 1990: 194).

Eine bergbaugeschichtlich weniger wichtige Rolle nehmen die Jahre 1950 bis 1952 ein, in denen auf der Wettinhöhe westlich der Ortsmitte durch die SAG Wismut wenige Mengen Uranerz gefördert worden sind (Wagner o.D.: 304). Der Uranbergbau nahm in Seiffen jedoch keine prägende oder wirtschaftlich dominante Stellung ein.

3.3   Seiffener Glashütten

Das Erzgebirge bot für Waldglashütten günstige Bedingungen. So war ein großer Holzvorrat als Energiequelle und Quarz als Werkstoff in den anstehenden Gesteinen gegeben. Hinzu kam die gute Anbindung an Handelsstraßen, die den Transport in sächsische oder böhmische Städte ermöglichte. In der Zeit der Besiedlung des Erzgebirgskamms im 12. Jahrhundert wurde Glas in vielen Bereichen der Gesellschaft zu einem gefragten Produkt (Werner 2007: 63). Vorteile konnte die erzgebirgische Glasproduktion laut Werner (2007: 63f) auch durch das Wissen von venezianischen Glasmachern ziehen, die ins Erzgebirge kamen.

Die Glaswirtschaft wies einen hohen Bedarf an Holz auf, sodass es im Laufe der Zeit zur vollständigen Rodung einiger Kammregionen kam. Diese Rodung machte das Land urbar und ermöglichte erst die Gründung von größeren Siedlungen und die Aufnahme von Landwirtschaft (Werner 2007: 67). Die Waldglashütten bestanden anfangs häufig nur aus einem überdachten Ofen, der abgerissen und an anderer Stelle neu aufgebaut wurde, sobald der Holzvorrat in einem annehmbaren Umkreis aufgebraucht war.

Im Gebiet um Seiffen waren die ersten Glashütten von den Zisterziensern gegründet worden. Es handelte sich dabei um die Hütten Frauenbach I, nordöstlich von Bad Einsiedel, und Frauenbach II, östlich von Bad Einsiedel. Der Rohstoff Quarz wurde aus anstehenden Gesteinen gewonnen und mit einem Hammer zerkleinert. Die Glasprodukte wiesen eine breite Palette an Farben auf. Neben blauem, violettem und weißem Glas überwog das grüne Waldglas (Kirsche 2005: 43f). Weiterhin ist die Existenz zweier Glashütten in Oberseiffenbach und einer Glashütte am Nordhang des Schwartenberges belegt (Kirsche 2005: 59f).

Die erste Glashütte, die laut Werner (2007: 67) am Südhang des Schwartenberges in Richtung Seiffen stand, war die Glashütte Heidelbach, welche der Autor ausführlich beschreibt. Ihr Standort wäre demnach sehr nah an der Salzstraße gelegen gewesen. Auch soll sie seit ihrer Gründung ihren Standort nicht verändert haben und somit die erste sesshafte Glashütte gewesen sein. Kirsche sieht aufgrund neuerer Auswertungen von Karten und gefundener Ofenstandorte Anlass, „diese Annahmen zu überdenken" (Kirsche 2005: 139). Der Autor setzt die Zeit, in der die Hütte sesshaft wurde, um das Jahr 1560 an (Kirsche 2005: 139).

Die erste Nennung der Glashütte Heidelbach ist in der Neuhausener Kirchenchronik zu finden und bezieht sich auf das Jahr 1488 (Werner 2007: 67; Kirsche 2005: 138). Im 15. Jahrhundert entwickelte sich sie sich „zur bedeutendsten Glashütte Sachsens und Thüringens" (Werner 2007: 67). Kirsche wertet eine Karte des Kartografen Matthias Oeder (Kartenwerk Oeder-Zimmermann 17. Jahrhundert. zitiert in: Kirsche 2005: 40) aus und kommt angesichts der „gleich großen Buchstaben" (Kirsche 2005: 139) der Flurnamen „Glashütt" und „Scheuffenn" zu dem Schluss, dass der Bergflecken Seiffen und die Glashütte Heidelbach gleichberechtigte Siedlungen waren (Kirsche 2005: 138f).

Einen wesentlichen Anteil an dem Erfolg der Hütte soll nach Werner (2007: 67) die Familie Preußler haben, die im 15. Jahrhundert aus Nordböhmen nach Seiffen gekommen war und ihr Wissen über Glasmacherei einbrachte. Im Jahr 1486 wurde laut Kirsche (2005: 138) Justus Preußler mit der Hütte belehnt (Kirsche 2005: 138). Die Einrichtung blieb ca. 230 Jahre im Besitz der Familie (Kirsche 2005: 144).

Grundherrenfamilie Seiffens war, wie schon beschrieben, die Familie von Schönberg. Durch die guten Beziehungen derselben zu Kurfürst August ergaben sich zahlreiche Aufträge und Gewinne für die Glasmacher in der Umgebung von Purschenstein. Nach Kirsche (2005: 144) sind in Freiberger Akten von 1680 bis 1704 111 Glastransporte aus Seiffen vermerkt. Davon sind 43 Transporte als Durchfahrten registriert. Kirsche (2005: 144) vermutet, dass die Lieferungen für Dresden bestimmt waren. Als „Initiator für florierende Geschäftsbeziehungen auf Dresdner Seite" (Werner 2007: 69) wird von Werner vor allem die Prinzessin Anna hervorgehoben. Auch Kirsche (2005: 139) erwähnt die Verbindungen zum sächsischen Hof in Dresden. Diese und weitere

Beziehungen führten dazu, dass die Glasmanufaktur der Familie Preußler in der erzgebirgischen Herstellung von Glas eine zentrale Rolle einnahm (Werner 2007: 71). Der florierende Handel mit Glas aus Seiffen führte zu einer „sozialen Stärke der Glasmacher […] gegenüber den Bergleuten" (Kirsche 2005: 139). Nachgefragte Produkte waren laut Werner (2007: 71) unter anderem folgende:

- einfache Gebrauchsgläser

- venezianisches Fadenglas in unterschiedlichsten Farben (zum Beispiel blau und grün)

- Spinnwirteln (Glasringe, die auf Holzspindeln gesteckt wurden, um das Gewicht zu erhöhen).

Werner (2007: 71 ff) unterscheidet bei der Glasherstellung zwei unterschiedliche Berufe. Zum einen nennt er den Glasschneider, der für das Produzieren von Prismen und Schmuck und dem Gravieren von Ornamenten verantwortlich war. Zum anderen war der Glasbläser in der Glashütte tätig, der mithilfe von Glasbläserpfeifen hohle Glasformen schuf. Dabei wurden für Gläser, die eine unregelmäßige Form oder ein Relief aufwiesen, aufklappbare Formen aus Holz verwendet, in die das Glas hineingeblasen wurde. Nach dem Abkühlen konnte die Holzform entfernt werden. Der Glaskörper behielt seine Gestalt (Werner 2007: 73f).

Einen Aufschwung für die Glaswirtschaft in Seiffen verschaffte ein weniger erfreuliches Ereignis in Marienberg. Nach einem Stadtbrand im Jahr 1610 erhielten die Seiffener Glasproduzenten durch die Familie von Schönberg den Auftrag, „das gesamte Fensterscheibenglas für den Wiederaufbau der niedergebrannten Stadtteile zu produzieren" (Werner 2007: 72).

Einen gravierenden Einschnitt für die Produktion von Glas in Seiffen brachte das Jahr 1714. Am 3. Juni brannten alle Gebäude der Glasmanufaktur Preußler nieder (Werner 2007: 74). Kirsche (2005: 144ff) beschreibt den weiteren Verlauf. Die Glashütte wurde von Michael Nehmitz gekauft, welcher Vertrauter August des Starken und erster Direktor der Porzellanmanufaktur Meißen war. Nehmitz brachte sich nicht selbst in den

Tabelle 3.1: Transportvolumen an Glas aus der Heidelbacher Hütte

Eintragungen in Geleitsakten; registriert in Purschenstein; Transport mit Pferdewagen

Quelle: Kirsche 2005: 147

Jahr	Transportvolumen
1765	66 Zentner
1781/82	131 Zentner
1800	20,5 Zentner
1801	12 Zentner

Produktionsprozess ein und übernahm die Rolle eines Kapitalanlegers. Finanzielle Schwierigkeiten zwangen Nehmitz, die Glashütte an seine Frau zu verkaufen (Kirsche 2005: 145). Im Kaufvertrag sind alle Anlagen vermerkt. So kann Kirsche (2005: 145) drei zum Unternehmen gehörende Hütten ausmachen: eine obere (Heidelbach I), eine untere (Heidelbach II) und eine Tafelhütte (Heidelbach III). Damit ist ein Hinweis auf Spezialisierung und Differenzierung zwischen Flach- und Hohlglas gegeben (Kirsche

2005: 145). Kriegsschäden aus dem Siebenjährigen Krieg, steigende Rohstoffpreise, Umstellung anderer Hütten auf Kohle oder Torf (eine Neuerung, die in der Glashütte Heidelbach nicht umgesetzt wurde), die hohen Transportkosten von Holz und vor allem die starke Konkurrenz aus Böhmen führten letztendlich dazu, dass der Absatz immer mehr zurück ging (Tabelle 3.1) und die Hütte 1826 geschlossen wurde (Kirsche 2005: 146ff). Die Glasproduktion ging auch in den anderen Hütten um Seiffen immer weiter zurück. Ab 1830 wurden schließlich alle Gebäude systematisch abgerissen (Werner 2007: 74).

3.4   Seiffener Drechselhandwerk

Das Drechseln als Handwerk ist nach Werner & Wächtler (2005: 79) seit dem 12. Jahrhundert in Mitteleuropa bekannt, wobei die ersten Erzeugnisse aus Klöstern kamen. Drechsler zählten aufgrund ihrer kunstvollen Arbeit zu den „privilegierten Handwerkern" (Werner & Wächtler 2005: 79). Im so genannten „Seiffener Winkel" (Kirsche 2005: 179) entwickelte sich das Drechseln auf besondere Weise. Seiffener Holzgestalter waren dabei seit Beginn ihrer Tätigkeit auf entfernte Märkte angewiesen, da die lokale Nachfrage zum Überleben nicht ausreichte.

Die Entwicklung dieser Holzgestaltungsart steht in Seiffen in enger Verbindung mit der Glasproduktion und dem Bergbau. Erfahrung in Farb- und Formgestaltung der Glasprodukte übertrug sich auf gedrechselte Holzerzeugnisse. Hinzu kommen „Fragen der Vertriebstätigkeit" (Kirsche 2005: 179), die die Glashüttenbesitzer angesichts selbstständiger Vermarktung der Produkte besaßen und die das Holzkunsthandwerk in Seiffen von Anfang an betrafen. Ein deutlicher Hinweis auf die enge Verbindung zwischen Glashütte und Drechselhandwerk ist die Ähnlichkeit der Glasspinne in der Seiffener Kirche zu Seiffener Holzhängeleuchtern (Kirsche 2005: 179). Kirsche (2005: 179ff) geht davon aus, dass das Drechselhandwerk in den Anfangsjahren entscheidend von der Glashütte geprägt war.

Die Frage nach dem ersten Drechsler in Seiffen ist nicht einfach zu beantworten. Laut Kirsche (2005: 179f) nennt Fritzsch (1956: Vom Bergmann zum Spielzeugmacher. Deutsches Jahrbuch für Volkskunde. Band 2. zitiert in: Kirsche 2005: 179f) Georg Frohs als den ersten Drechsler, der „im Kirchenbuch für das Jahr 1644 angegeben sein soll" (Kirsche 2005:179f). Kirsche (2005: 180) selbst kann diese Angabe nicht bestätigen. Er gibt das Jahr 1650 als Jahr der ersten Nennung von Drechslern in Seiffen an. Dabei beruft er sich auf Rechnungen der Grundherrschaft Purschenstein, in welchen George Froß jun., George Henze jun. und Elias Heze genannt werden (Kirsche 2005: 180). Eine Akte aus dem Jahr 1655 lässt laut Kirsche (2005: 180) aber auch darauf schließen, dass bereits vor 1643 Nicol Lorenz als Drechsler in Seiffen tätig gewesen sein muss. Dessen Vater war ein Exulant aus dem böhmischen Ort Brandau, der 1625 nach Seiffen kam. Kirsche vermutet in diesem Zusammenhang, „dass die Drechselkunst ursprünglich aus Böhmen nach Seiffen transferiert wurde" (Kirsche 2005: 180).

Glashüttenproduktion und Drechselhandwerk waren seit spätestens 1650 wirtschaftlich verknüpft. Erste Produkte der Drechsler waren, so Kirsche (2005: 180f) und Werner (2007: 193), einfache Spindeln zum Spinnen von Wolle. Diese wurden mit Glasringen, sogenannten Spinnwirteln, beschwert, die als Schwungmasse dienten und die nachweislich in Seiffen produziert wurden. Es liegt also nahe, dass die Glashüttenbesitzer Seiffener Drechsler als „Subunternehmer" (Werner 2007: 193) beauftragten, Holzspindeln herzustellen (Kirsche 2005: 181). Bis 1676 wurden in Purschensteiner Unterlagen ausschließlich Spindeldreher erwähnt. Ab 1677 werden auch Drechsler angedeutet, die keine Spindeln herstellten (Kirsche 2005: 181). Der oben genannte Nicol Lorenz wurde in Akten nicht als Spindeldreher bezeichnet, woraus Kirsche (2005: 181f) schlussfolgert, dass auch schon vor 1677 andere Produkte gefertigt worden sind. In Urkunden sind Zahlungen für Schüsseln belegt, was laut Kirsche (2005: 182) ein Beweis dafür ist, dass die Drechsler schon zu dieser Zeit die Technik des Hohldrehens beherrschten.

In der Glashütte war immer mindestens ein Drechsler angestellt. Kirsche zitiert dazu Blau: „Drechsler und Hüttenmeister mussten im Interesse des künstlerischen Eindrucks der Gläser gut zusammenarbeiten, und der Drechsler galt häufig als die rechte Hand des Meisters" (Blau 1954: Die Glasmacher im Böhmer- und Bayerwald in Volkskunde und Kulturgeschichte -zitiert nach: Kirsche 2005: 189). Dies kann damit begründet werden, dass die Glashütte die schon genannten Spindeln und Spinnwirteln verkaufte. Ein anderer Grund war die Notwendigkeit spezieller Holzformen für die Herstellung bestimmter Glasprodukte. Die Formen wurden von Drechslern hohl gedreht. Die anspruchsvolle Arbeit der Holzformenherstellung in der Glashütte war nach Kirsche (2005: 188ff) Voraussetzung für die Entwicklung des Reifendrehens in Seiffen, welches laut Werner (2007: 200) 1810 erfunden wurde.

Das Handwerk des Drechselns war für die Einwohner Seiffens aller Wahrscheinlichkeit nach ein Nebenverdienst beziehungsweise eine Einkommensmöglichkeit in Zeiten schlechter Verdienste im Bergbau. So schreibt Kirsche (2005: 182f), dass die Anzahl der Drechsler in Jahren fast stillstehenden Bergbaus anstieg, in Blütezeiten der Bergwirtschaft jedoch abnahm. Auch Glasmacher sollen bei Stillstand der Hütten als Drechsler gearbeitet haben (Kirsche 2005: 183). Konjunkturelle Verläufe im Bergwerk und in der Glasproduktion bedingten also das Aufkommen des Drechselhandwerks (Kirsche 2005: 182). Das Ergebnis war, dass 1829, als Bergbau und Glasproduktion, die bis dahin wichtigsten und tragenden Wirtschaftszweige Seiffens, zum Erliegen gekommen waren, 241 Drechsler in Seiffen tätig waren. Die Tendenzen können Abbildung 3.3 entnommen werden. Werner & Wächtler (2005: 79f) nennen zum selben Sachverhalt Zahlen, die im Detail abweichen, die Tendenzen decken sich jedoch mit denen, die aus den von Kirsche (2005: 182f) gegebenen Werten hervorgehen.

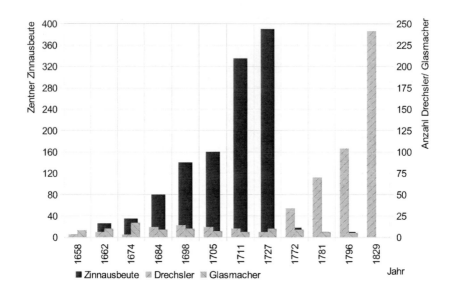

Abbildung 3.3: Zusammenhang der Entwicklung von Zinnbergbau, Drechselhandwerk und Glasproduktion in Seiffen von 1658 bis 1829

Datenquelle: Kirsche 2005: 183. Dieser bezieht sich auf Fritzsch (1956: Vom Bergmann zum Spielzeugmacher. Deutsches Jahrbuch für Volkskunde. Band 2), auf Akten der Grundherrschaft Purschenstein und die Kirchenbücher von Neuhausen (Kirsche 2005: 182f).

Bei den Zahlen ist zu bedenken, dass „auf jeden Drechsler meist 8 bis 12 Personen (Frau und Kinder) kamen, die die Rohfiguren weiter gestalteten" (Werner 2007: 196). Das Drechslerhandwerk stellte somit ein großes Arbeitskräftepotenzial dar. Neben den Drechslern selbst waren weit mehr Menschen in der Holzbranche beschäftigt. Im Vergleich zum Bergbau waren also enger verknüpfte Verflechtungen und Verdienstmöglichkeiten gegeben. Die Familien konnten mehr in die Arbeit einbezogen werden. Der Vater als Oberhaupt der Familie war nicht mehr Alleinverdiener. Die Bedeutung der Branche für

Seiffen und Umgebung wird durch folgende, von Werner (2007: 197) angegebene Werte deutlich: Die Einwohnerzahl 1871 betrug in Seiffen und Oberseifenbach zusammen 2.627 Einwohner, wovon 77% in der Holzverarbeitung tätig waren. In Heidelberg lebten zur selben Zeit 1.990 Menschen. Von ihnen waren 65,4% in der Spielzeugherstellung beschäftigt.

Die Entwicklung des Drechselgewerbes fasst Kirsche (2005: 183f) in zwei Etappen zusammen. Die erste Phase war durch die Produktion von Gebrauchsgegenständen gekennzeichnet. Dazu gehörten neben Spindeln und Holzformen für die Glashütten auch Schüsseln, Teller und ähnliches. Eingeleitet wurde diese Epoche aller Wahrscheinlichkeit nach von böhmischen Exulanten (Kirsche 2005: 183). Mit dem Aufblühen des Bergbaus war die Zahl der Drechsler rückläufig, sodass laut Kirsche (2005: 184) 1735 nur noch ein Drechsler im Ort arbeitete, welcher hauptsächlich für die Glashütte tätig war.

Wie schon erwähnt, waren die Seiffener Holzkunsthandwerker auf Märkte angewiesen, die außerhalb der Region lagen, da die lokale Nachfrage schnell gedeckt war. Das galt nicht nur für Glaswaren. Auch in Bezug auf gedrechselte Waren bestand, unter anderem vom Sächsischen Hof in Dresden, reges Interesse. So bestellte August der Starke zu Beispiel im Jahr 1730 30.000 Holzteller für die sächsische Armee (Werner & Wächtler 2005: 79; Werner 2007: 193). Die Drechsler vertrieben ihre Waren jedoch, im Gegensatz zu den Glashüttenbesitzern, nicht selbst. Sie nahmen die Dienste von Verlegern in Anspruch. Im Jahr 1613 sollen das erste Mal Produkte aus Seiffen durch Kaufleute aus Grünhainichen auf die Messe von Leipzig gebracht worden sein (Werner & Wächtler 2005: 79). Ein für den Vertrieb von Waren bedeutender Verleger war Christian Friedrich Hiemann, der regelmäßig die Messe in Leipzig besuchte (Werner 2007: 193ff). Im Jahr 1760 brachte er von dieser so viele Aufträge mit, dass sie von den „noch tätigen Drechslern nicht bewältigt werden konnten" (Werner & Wächtler 2005: 80; Werner 2007: 194f). Erstmals sei in diesen Bestellungen auch Spielzeug erwähnt worden (Werner & Wächtler 2005: 80f). Hiemann selbst handelte seit 1788 zum Beispiel mit den Großhändlern Förster und Günther aus Nürnberg. Diese Beziehungen sind bis 1842 nachweisbar „und umfassen [..] ein Sortiment von 1800 Artikeln 'feiner und ordinärer' Kinderspielwaren" (Werner 2007: 194). Nicht zuletzt durch Hiemanns Wirken entstand ein ausgeprägtes Verlagswesen, über das die Produkte verkauft werden konnten. Seiffen exportierte Waren unter anderem nach Amerika, Amsterdam, Venedig und Indien (Werner & Wächtler 2005: 84).

Auch Kirsche betont die Bedeutung des Jahres 1760. Er setzt in dieser Zeit die zweite Epoche des Drechslerhandwerkes in Seiffen an, in welcher das Drechselgewerbe vorrangig durch die Fertigung von Spielzeug geprägt war (Kirsche 2005: 184). Das Reifendrehen, welches sich unter anderem aus der Erzeugung von Holzformen in der Glasherstellung entwickelt hatte, brachte Seiffen gegenüber anderen Spielzeugzentren einen grundlegenden Vorteil, da durch diese Technik große Stückzahlen hergestellt werden konnten. Die Erfahrungen der Arbeiter aus der künstlerischen Gestaltung von Glas wurden auf die Arbeit mit Holz übertragen.

Im Jahr 1763 wird in Seiffen das erste Pochwerk zu einem Drehstübchen umgebaut, in welches sich Handwerker einmieten konnten (Werner & Wächtler 2005: 81). Es ist also ersichtlich, dass neben der Glasproduktion auch das Bergwerk eine entscheidende Rolle bei der Entwicklung der Drechslerei spielte. Es hinterließ der Spielzeugherstellung mit den Pochwerken eine Infrastruktur, die ohne Probleme umgerüstet werden konnte und energetisch nutzbare Technologien zur Verfügung stellte. Die Drehbänke konnten mit den Wasserrädern der alten Pochwerke betrieben werden. Das Bergbauamt zog dafür einen jährlichen Wasserradzins ein und stellte die Bedingung, dass die Radstuben in einem Zustand bleiben sollten, der im Bedarfsfall wieder den Antrieb von Pochhämmern ermöglichte (Werner 2007: 195). Der Produktionsprozess mithilfe von Wasserkraft gestaltete sich gegenüber den herkömmlichen Drehbänken mit Fußantrieb effektiver, sodass serienmäßig Waren entstehen konnten (Werner & Wächtler 2005: 81). Die Bemerkung von Werner & Wächtler (2005: 81), in die entstanden Drehstübchen hätten sich Kleinstunternehmer einmieten können, ist ein Hinweis darauf, dass auch im Drechselhandwerk, ähnlich wie im Seiffener Bergbau, vorrangig selbstständige Handwerker in eigener Verantwortung tätig waren. Die Familien arbeiteten meist für sich selbst, wobei innerhalb der Familie eine „manufakturähnliche Arbeitsteilung" (Werner & Wächtler 2005: 81) stattfand. Fortschritte bezüglich der Technik brachte auch die Einführung der Dampfmaschine, die Unabhängigkeit von Wasserkraft zur Folge hatte. Die Einführung der   Elektrizität in Seiffen machte es möglich, dass Handwerker nun zu Hause arbeiten konnten und nicht mehr auf das Einmieten in Drehstübchen angewiesen waren (Werner & Wächtler 2005: 86). Um die Qualität der Erzeugnisse zu sichern, ist für die Söhne verschiedener Handwerker ab 1826 Privatunterricht bezüglich Gestaltung und Verarbeitung von Holz eingeführt worden. Da das Konzept Erfolge aufweisen konnte, wurde 1855 in Seiffen eine staatliche Spielwaren-Fachschule eingerichtet.

Der Vertrieb über Verleger, der Verkauf über entfernte Märkte und die serienmäßige Produktion von Waren führte zu neuen Teilbereichen in der Holzverarbeitung. Werner & Wächtler (2005: 82) nennen in diesem Zusammenhang zum Beispiel die Entstehung des Dosenmacherberufs, bei dem Holzspäne zu Schachteln verleimt wurden. Außerdem wird von den Autoren die Arbeit von neu errichteten Kistenfabriken erwähnt (Werner & Wächtler 2005: 82). Die wirtschaftliche Entwicklung war nicht zuletzt auch ein Grund für die Bevölkerungszunahme in Seiffen und im Umland. Die steigende Tendenz der Einwohnerzahl hielt bis ins 20. Jahrhundert hinein an. Die Werte können Tabelle 3.2 entnommen werden.

Tabelle 3.2: Einwohnerzahlen Seiffens und Umgebung von 1834 bis 1946

Datenquelle: Institut für Geographie und Geoökologie, Arbeitsgruppe für Heimatforschung, Dresden (Hrsg.) 1985. 179f

Ort	1834	1871	1890	1910	1925	1939	1946
Heidelberg	1349	1990	1967	1742	1872	zu Seiffen	
Neuhausen	1072	1492	1701	2875	2863	3093	3243
Niederseiffenbach	412	563	508	784	808	zu Seiffen	
Oberseiffenbach	384	611	695	682	659	zu Seiffen	
Seiffen	1000	1453	1441	1437	1479	4281	4534
Summe	4217	6109	6312	7520	7681	7374	7777

3.5 Seiffen im 20. Jahrhundert

Über die Geschichte Seiffens im 20. Jahrhundert geben Wagner (o.D.: 303ff) in der Chronik des Ortes und die Dregeno Seiffen eG ((Hrsg.) 2009: 47ff), unter Redaktion von Bieber und Dietel, Auskunft. Die folgenden Ausführungen lehnen sich an diese Angaben an.

Die wirtschaftliche Lage verschlechterte sich mit dem Ersten Weltkrieg in Seiffen dramatisch. Durch Rohstoffengpässe und Kriegsdienst vieler Männer kam die Produktion „in fast allen Holzbetrieben [...] zum Erliegen" (Dregeno Seiffen eG (Hrsg.) 2009: 47). Um die wirtschaftlichen Bedingungen zu verbessern, wurde am 23. März 1919 der „Wirtschaftsverband der Holz- und Spielwarenverfertiger" gegründet. Im Herbst desselben Jahres konnten durch diese Maßnahme wieder 13 Handwerker an der Leipziger Messe teilnehmen. Die Zahl der Aufträge stieg, womit sich die wirtschaftliche Lage des Holzkunsthandwerks und somit auch vom gesamten Ort Seiffen besserte.

Im Jahr 1920 wurde am 1. Februar der Stuhlverband Neuhausen vom Wirtschaftsverband getrennt. Im Sommer desselben Jahres kommt es zu „größeren Verkaufsstockungen" (Dregeno Seiffen eG (Hrsg.) 2009: 47). Der Wirtschaftsverband entschloss sich daraufhin, „Waren auf Lager zu nehmen" (Dregeno Seiffen eG (Hrsg.) 2009: 47). Zwei Drittels des Warenwertes wurden dabei an die Produzenten ausgezahlt. Die Zahlung des Restbetrages erfolgte nach Verkauf des Produktes. Außerdem begann der Verband, neben dem Verkauf der Waren, auch die Materialbeschaffung zu organisieren. Der Umsatz erhöhte sich infolge dieser Maßnahmen Ende 1920 „beträchtlich" (Dregeno Seiffen eG (Hrsg.) 2009: 47). Auf Nachfrage erteilte der Wirtschaftsverband in den Jahren 1920/21 an Handwerker auch Kalkulationsschulungen. Ab 1924 erfolgte eine Lehrlingsausbildung für Spielzeugmacher.

Ab 1921 war eine Abwertung der Deutschen Mark zu verzeichnen. Als Folge der Inflation kam es durch ausländische Kunden zu einem verstärkten Warenabkauf. Definierte Preisgruppen für verschiedene Sortimente wurden 1922 erarbeitet. Beispiele hierfür waren: Miniaturen, Haus- und Küchenartikel, gedrehte Sachen, Sandspiele, Puppenartikel und Ähnliches.

Die Elektrifizierung der Region und die Möglichkeit, Elektromotoren zu kaufen, führten zu einem „Arbeitsboom" (Dregeno Seiffen eG (Hrsg.) 2009: 48) in Seiffen, da viele Handwerker nun mit weniger Aufwand von zu Hause aus produzieren konnten. Ende der 1920er bis Anfang der 1930er Jahre war die wirtschaftliche Situation der Spielwarenproduktion in Seiffen dennoch angespannt. Unter Leitung von Karl Einenkel gelang es dem Wirtschaftsverband, als Kunden auch größere Warenhauskonzerne zu gewinnen. Im selben Jahr kam es zu einem Großauftrag aus Belgien. Das Warenangebot wurde entsprechend erweitert. Nach Angaben der Dregeno Seiffen eG (Hrsg.; 2009: 35) erhöhte sich der Umsatz in den Jahren 1935 bis 1939 stark. Das Handelsgebiet von Deutschland wurde durch Vertreter des Wirtschaftsverbandes abgedeckt.

Im Warenangebot des Spielwarensektors war nach Ausbruch des Zweiten Weltkrieges zusätzliche Nachfrage zu verzeichnen. Mangelndes Materialangebot während des Krieges erschwerte jedoch die Produktion und Erfüllung der Aufgaben. Die Einberufung zum Dienst im Militär versuchten viele Betriebe zu umgehen, „indem sie kriegswichtige Aufträge" (Dregeno Seiffen eG (Hrsg.) 2009: 50) annahmen. So wurden von 1940 bis 1943 beispielsweise 236.000 Militärschemel angefertigt. Da Metalle für die Rüstungsindustrie benötigt wurden, gewann der Rohstoff Holz und seine Produkte eine große Bedeutung für alltägliche Waren, wo ein Materialwechsel technisch umsetzbar war. In den Jahren 1942 und 1943 stellten zehn Firmen in Seiffen zum Beispiel 380.000 Sensenstiele her. Für den Reichsinnungsverband wurde ein „gewaltiger Auftrag" (Dregeno Seiffen eG (Hrsg.) 2009: 50) für Produktion von Milchkannendeckeln aus Holz umgesetzt. Das Material erhielten die Handwerker über Kontingente durch die Innung. Um Holzmaterialien gezielter einzusetzen, war es ab 1943 nur noch für Exportzwecke erlaubt, Spielwaren anzufertigen. Diese Regelung führte zu erhöhten Einnahmen durch den Export. Größere Mengen wurden nach Ungarn, Finnland, Schweden, in die Schweiz, nach

Kroatien und Italien geliefert. Bis 1944 gelang es dem Wirtschaftsverband unabhängig vom Verlegerwesen zu werden. Aufträge konnten selbst beschafft werden. Das Handwerk in Seiffen wurde in seiner Entwicklung positiv beeinflusst. Trotz einiger Engpässe bezüglich der Materialbeschaffung konnte die Herstellung von Holzwaren in Seiffen bis zum Kriegsende erfolgen.

Zum Stillstand verschiedener Betriebe kam es erst 1945 unter sowjetischer Administration. Der Wirtschaftsverband wurde aufgelöst. Es erfolgte die Gründung einer Drechsler- und Spielwarengenossenschaft, zu der anfangs 328 Mitglieder gehörten, die später in Dregeno umbenannt wurde und die noch heute in der Seiffener Wirtschaft als Akteur tätig ist. Zu den 4.534 Einwohnern Seiffens im Jahr 1946 kamen 1.300 Flüchtlinge. Der Besitz der Familie von Schönberg wurde im Zuge der Bodenreform an 144 Angestellte, Kleinbauern und Arbeiter verteilt. Mit insgesamt 40 ha Fläche sind im Jahr 1957 drei Bauern zur LPG Schwartenberg zusammengeschlossen worden. Im Jahr 1965 fand der Anschluss vier weiterer Genossenschaften statt (LPG Glück auf, LPG Heidelberg, LPG Deutschneudorf, LPG Völkerfrieden Deutscheinsiedel). Im Bereich der Pflanzenproduktion erfolgte 1973 mit der LPG Pionier Neuhausen ein Zusammenschluss zur Kooperativen Abteilung Pflanzenproduktion (KAP) Am Schwartenberg. Es folgte die Einbeziehung weiterer Genossenschaften, sodass über 2000 h Fläche von der KAP Am Schwartenberg bewirtschaftet wurden. Die LPG Schwartenberg unterhielt ab 1973 den Betrieb eines Jungviehkombinats mit 1.500 Jungrindern.

Mehrere handwerkliche Betriebe wurden enteignet und zum Volkseigenen Betrieb (VEB) Seiffener Spielwaren zusammengeführt. In industriell geprägten Produktionsstätten arbeiteten 1957 447 Angestellte. Betriebe mit weniger als 20 Arbeitern konnten als private Unternehmen bestehen bleiben. Viele Familienunternehmen mit ihrer Tradition arbeiteten weiter. Damit erhielt sich im Orte eine einmalig breite Palette an Warenangeboten im Holzgewerbe. Darüber hinaus wird wieder ein Charakteristikum der Seiffener Wirtschaft deutlich: Ein größerer Teil der Einwohner wirtschaftete, wie im Bergbau oder im frühen Drechselhandwerk, auf eigene, private Verantwortung im familiären Umfeld. Im Wirtschaftssystem der DDR stellte dies eine Besonderheit dar. Im Jahr 1974 waren es 120 selbstständige Handwerksbetriebe. Zur Reprivatisierung enteigneter Betriebe kam es erst 1990 mit der Wiedervereinigung der beiden deutschen Staaten und der damit einhergehenden Auflösung von Volkseigenen Betrieben. Ein Jahr später wurden aus demselben Grund die LPGs in den Agrarhof Schwartenberg e.G. umgewandelt.

Ab 1949 wurden erstmals seit Kriegsende wieder Spielwaren aus Seiffen exportiert. Die Nachfrage im Binnen- und Außenhandel stieg in den folgenden Jahren stark an. Aufgrund des steigenden Exportumsatzes entwickelt sich die Dregeno zu „einem bedeutenden privaten Unternehmen innerhalb der DDR-Wirtschaft" (Dregeno Seiffen eG (Hrsg.) 2009: 51).

In den Jahren 1950 bis 1952 wurde in Seiffen wieder Bergbau betrieben. Die SAG Wismut förderte auf der Wettinhöhe westlich des Dorfzentrums Uranerze. Die Ausbeute war allerdings äußerst gering, weshalb der Betrieb bald wieder eingestellt wurde. In denselben Jahren nahm der Freie Deutsche Gewerkschaftsbund (FDGB) in der Nussknackerbaude und im Berghof den Betrieb von zwei Ferienheimen auf. Ebenfalls in diesen Zeitraum fiel der Anschluss der Spielwarenfachschule Seiffen an den VEB Seiffener Spielwaren. Der Unterricht der Berufsschüler wurde ab 1951 in Neuhausen durchgeführt. Im Jahr 1953 erwarb erstmals eine Frau den Abschluss als Meisterin im Spielzeughandwerk. Die Spielwarenschule bildete 1992 6 Holzdrechsler und 27 Holzspielzeugmacher aus. Sieben Jahre später erreichten 52 Drechsler und 110 Holzspielzeugmacher ihren Abschluss. Als offizieller Lehrberuf wurde der Holzspielzeugmacher 1994 anerkannt. Die Fachschule für Spielzeugmacher in Seiffen ist in Deutschland auch heute noch einmalig.

Das Dorf Seiffen gehörte in den ersten Jahren der DDR zum Kreis Freiberg. Ab 1952 wurde der Ort vom Kreis Marienberg verwaltet. Bad Einsiedel, was bis dahin zu Neuhausen gehörte, wurde in demselben Jahr zu Seiffen eingemeindet. Deutschneudorf, Deutscheinsiedel, Neuhausen, Heidersdorf organisierten sich 1972 als Gemeindeverband Schwartenberg. Ab 1994 gehörte die Gemeinde zum Mittleren Erzgebirgskreis. Zwischen Deutschneudorf, Deutscheinsiedel, Heidersdorf und Seiffen besteht seit dem Jahr 2000 eine Verwaltungsgemeinschaft.

Im Jahr 1956 erhielt Seiffen den Titel „Kurort". Die Kurverwaltung wurde im Rathaus eingerichtet. Fünf Jahre später, im Jahr 1961, wurde ein Kulturhaus eröffnet. Monatlich fanden in diesem Veranstaltungen des Freiberger Stadttheaters statt. Wagner (o.D.: 305) bemerkt im selben Jahr den Aufenthalt von 6.500 Kurgästen und 150.000 Tagestouristen. Im Jahr 1974 waren es bereits 7.500 Kurgäste. An den Adventswochenenden im Jahr 1996 besuchten etwa 200.000 Tagestouristen den Ort. Dem Tourismus sehr zuträglich ist die Gründung eines Freilichtmuseums (Eröffnung 1973) und die Errichtung einer Sommerrodelbahn. Außerdem können die Besucher das Spielzeugmuseum und Schauwerkstätten besichtigen. Eine Tourist-Information wurde 1992 eröffnet. Im selben Jahr gründete sich der Förderverein Erzgebirgisches Spielzeugmuseum. Die Seiffener Bimmelbahn startete 1993 zur ersten Fahrt. Fünf Jahre später wurde ein Erlebnisbad eröffnet, welches mittlerweile jedoch wieder schließen musste.

Zusammenfassend soll an dieser Stelle folgendes betont werden. Trotz Enteignung und Verstaatlichung konnten in Seiffen viele selbstständige Handwerksbetriebe weiter bestehen, wodurch eine breite und einmalige Palette an Spielzeug- und Drechselwaren erhalten blieb. Der Tourismus gewann im 20. Jahrhundert immer mehr an Bedeutung in der Gemeinde. Die Einwohnerzahl entwickelte sich seit dem Zweiten Weltkrieg rückläufig, was in Abbildung 3.4 ersichtlich ist. Die Werte lehnen sich an Wagner (o.D.: 303ff) an.

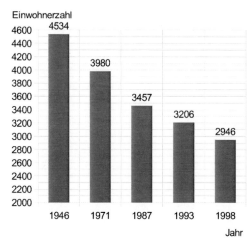

Abbildung 3.4: Entwicklung der Einwohnerzahl in Seiffen im 20. Jahrhundert

Datenquelle: Wagner o.D.: 303ff

4   Aktuelle Wirtschaftsstruktur

4.1   Überblick über die Gemeinde Seiffen

Seiffen im Erzgebirge ist eine Gemeinde auf dem Erzgebirgskamm nahe der deutsch-tschechischen Grenze. Bekannte Städte in unmittelbarer Nähe sind Olbernhau, westlich von Seiffen, und Sayda, nördlich von Seiffen. Nordöstlich von dem als Kurort eingestuften Dorf liegt die Talsperre Rauschenbach. Seiffen selbst befindet sich auf einem Hochplateau zwischen Schwartenberg, Ahornberg und Reicheltberg, das durch den Seiffener Bach entwässert wird.

Die Gemeinde Seiffen gehört zum Landkreis Erzgebirgskreis und wird von den Gemeinden Deutschneudorf, Olbernhau, Heidersdorf und Neuhausen umgeben, wobei die letztgenannte Gemeinde dem Landkreis Mittelsachsen zugeordnet wird (Sächsisches Staatsministerium des Innern 2012. URL). Der Gemeinde übergeordnet ist die Verwaltungsgemeinschaft Seiffen/ Erzgeb., welche aus den Gemeinden Deutschneudorf, Heidersdorf und Seiffen gebildet wird (Sächsische Staatskanzlei 2012. URL).

Die nachfolgenden Daten zur Einordnung der Gemeinde Seiffen entstammen der Gemeindestatistik 2011 für Seiffen/ Erzgeb., Kurort (Statistisches Landesamt des Freistaates Sachsen 2012a. URL). Sie beziehen sich auf das Kalenderjahr 2010.

Die Gemeinde weist eine Bevölkerungszahl von 2.415 Einwohnern auf. Seit dem Jahr 1990 ist in Seiffen ein Bevölkerungsrückgang von 25,8% zu verzeichnen. Die Bevölkerungsdichte beträgt 194 Einwohner pro km². Der Anteil der männlichen Bevölkerung beträgt 51,3%, der der weiblichen Einwohner 48,7%. Die Altersstruktur lässt sich Tabelle 4.1 entnehmen.

Im Jahr 2010 wurden in der Gemeinde Seiffen 14 Lebendgeborene (5,8 je 1.000 Einwohner) und 19 Gestorbene (7,8 je 1.000 Einwohner) gezählt. Die natürliche Bevölkerungsbewegung ist demnach negativ. Auch die Wanderungsbewegung war im selben Jahr negativ: 40 Zuzügen (16,4 je 1.000 Einwohner) standen 77 Fortzüge (31,6 je 1.000 Einwohner) gegenüber. Damit liegt der Gesamtsaldo der Bevölkerungsbewegung für das Jahr 2010 bei -42 (-7,3 je 1.000 Einwohner).

Tabelle 4.1: Altersstruktur in der Gemeinde Seiffen 2010

Datenquelle: Statistisches Landesamt des Freistaates Sachsen 2012a. URL

Alter in Jahren	Einwohner
unter 3	47
3 bis unter 6	51
6 bis unter 10	72
10 bis unter 15	104
15 bis unter 20	71
20 bis unter 25	121
25 bis unter 30	103
30 bis unter 35	112
35 bis unter 40	119
40 bis unter 45	166
45 bis unter 50	199
50 bis unter 55	172
55 bis unter 60	218
60 bis unter 65	175
65 bis unter 75	370
75 und mehr	315

In Seiffen gibt es eine Grundschule, die 2010 von 149 Schülern besucht wurde. An der Schule sind zehn hauptberufliche Lehrpersonen angestellt.

Die Gemeinde Seiffen umfasst eine Fläche von 12,43 km². Die Anteile der Art der Flächennutzung sind in Tabelle 4.2 dargestellt.

Tabelle 4.2: Art der Flächennutzung 2012 in der Gemeinde Seiffen

Datenquelle: Statistisches Landesamt des Freistaates Sachsen 2012a. URL

Art der Flächennutzung	Fläche in ha	Prozent
Erholungsfläche	18	1 %
Verkehrsfläche	38	3 %
Betriebs-, Gebäude- und Feifläche	122	10 %
Waldfläche	344	28 %
Landwirtschaftsfläche	704	57 %
Flächen anderer Nutzung	18	1 %
Summe	1244	100 %

Es liegen 99.600 m² Wohnfläche vor. Der Bestand an Wohngebäuden liegt bei 741. Bei einer Bevölkerungszahl von 2.415 Einwohnern ergeben sich 41,24 m² Wohnfläche je Einwohner und 3,26 Einwohner pro Wohngebäude.

Im Regionalplan erhält die Gemeinde Seiffen das Attribut „Ländlicher Raum" und bekommt die Sonderfunktionen Fremdenverkehr und Gewerbe zugewiesen (Regionaler Planungsverband Chemnitz-Erzgebirge (Hrsg.) 2008a. URL). Seiffen liegt dabei auf einer regionalen Achse, die eine Vernetzung mit Tschechien ermöglicht. Nächstes Grundzentrum ist Olbernhau, als nächstgelegenes Mittelzentrum wird Marienberg ausgewiesen. Seiffen selbst gilt als Versorgungskern in einer nichtzentralörtlichen Gemeinde (Regionaler Planungsverband Chemnitz-Erzgebirge (Hrsg.) 2008b. URL).

Der Naturhaushalt um Seiffen gibt bestimmte Nutzungsanforderungen vor. So werden für den Seiffener Raum vom Regionalplan folgende Sachverhalte ausgewiesen (Regionaler Planungsverband Chemnitz-Erzgebirge (Hrsg.) 2008c. URL):

• Gebiet mit hoher Grundwassergefährdung (geologisch bedingt)

• Gebiet zur Erhaltung und Verbesserung des Wasserrückhaltevermögens

• potenzielle Wassererosionsgefahr mittlerer, hoher und sehr hoher Intensität

Besondere Nutzungsanforderungen bezüglich der Kulturlandschaft entstehen, da Seiffen als Streusiedlungsbereich auf einem Hochplateau ausgewiesen wird. Hinzu kommt die Altbergbaulandschaft und regional bedeutsame Erhebungen wie Ahornberg oder Schwartenberg (Regionaler Planungsverband Chemnitz-Erzgebirge (Hrsg.) 2008d. URL).

4.2 Arbeitsplätze und Pendler

Die Gemeinde Seiffen hat im Vergleich zu anderen Gemeinden in Sachsen eine verhältnismäßig hohe Arbeitsplatzdichte. Im Jahr 2004 lag sie zwischen 350 und 450 sozialversicherungspflichtigen Beschäftigten am Arbeitsort je 1.000 Einwohner. Im Vergleich zum Jahr 1998 war keine Zu- oder Abnahme zu beobachten, die über den genannten Bereich hinaus ging (Industrie- und Handelskammern Dresden, Leipzig, Südwestsachsen & Handwerkskammern Dresden, Leipzig, Chemnitz (Hrsg.) 2005: 53).

In der Gemeinde Seiffen ist auf dem Arbeitsmarkt eine Pendlerbewegung zu verzeichnen, die insgesamt einen positiven Saldo aufweist. Dabei ist jedoch bemerkenswert, dass bei einer getrennten Beobachtung der Geschlechter erhebliche Unterschiede auftreten, die in Abbildung 4.1 deutlich werden.

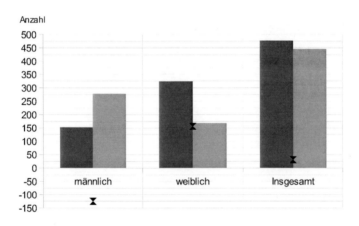

Abbildung 4.1: Pendlerbewegung der Gemeinde Seiffen 2007
Datenquelle: Statistisches Landesamt des Freistaates Sachsen 2012d. Zugriff über GENESIS-online. URL

Insgesamt waren im April 2012 bei der Bundesagentur für Arbeit 120 Arbeitslose für die Gemeinde Seiffen gemeldet (Bundesagentur für Arbeit (Hrsg.) 2012. URL). Das ergibt bei 2.415 Einwohnern eine Arbeitslosenquote von 49,69 Arbeitslosen je 1.000 Einwohner. Für den Landkreis Erzgebirgskreis mit 368.167 Einwohnern (Statistisches Landes-amt des Freistaates Sachsen 2012e. URL) liegt der Wert für Arbeitslosigkeit mit 52,09 Ar-beitslosen je 1.000

Tabelle 4.3: Arbeitslosigkeit in ausgewählten Altersklassen in Seiffen 2012

Datenquelle: Bundesagentur für Arbeit 2012. URL; Statistisches Landesamt des Freistaates Sachsen 2012a. URL

Altersgruppe in Jahren	Arbeitslose	Einwohner	Arbeitslose je 1.000 Einwohner
15 bis unter 25	5	192	26,04
50 bis unter 65	55	565	97,35

Tabelle 4.4: Arbeitslosigkeit in Seiffen bezüglich des Geschlechts 2012

Datenquelle: Bundesagentur für Arbeit 2012. URL; Statistisches Landesamt des Freistaates Sachsen 2012a. URL

	Arbeitslose	Einwohner	Arbeitslose je 1.000 Einwohner
männlich	61	1.239	49,23
weiblich	59	1.176	50,17

Einwohner (19.177 Arbeitslose insgesamt) leicht darüber (Bundesagentur für Arbeit (Hrsg.) 2012. URL). Es ist jedoch ersichtlich, dass der die Arbeitslosenwerte der Gemeinde Seiffen nicht wesentlich vom regionalen Durchschnitt abweichen.

Deutliche Differenzen bezüglich der Arbeitslosigkeit innerhalb Seiffens sind in Abhängigkeit des Alters der Einwohner zu verzeichnen. Dies geht aus Tabelle 4.3 hervor. Ein größerer Unterschied bezüglich des Geschlechts ist nicht festzustellen, wie Tabelle 4.4 zeigt.

4.3   Gewerbestruktur

Überblick über die Gewerbestruktur und Bedeutung des Holzgewerbes

Zur Auswertung der Gewerbestruktur wurden Zahlen und Daten der Industrie- und Handelskammer (IHK) Chemnitz, Region Erzgebirge und der Handwerkskammer (HWK) Chemnitz genutzt. Diese lagen nach telefonischer Anfrage und schriftlichem Kontakt vor.

In der Gemeinde Seiffen sind 315 Betriebe bei der IHK und HWK gemeldet. Dabei entfallen 133 Betriebe auf handwerkliche Gewerbe und 182 Unternehmen auf nichthandwerkliche Branchen. Der vorliegende Anteil des Handwerks mit 42,22% an der Gesamtbetriebszahl ist also verhältnismäßig hoch. Die Anteile der verschiedenen Gewerbe an der Gesamtbetriebszahl sind in Abbildung 4.2 dargestellt.

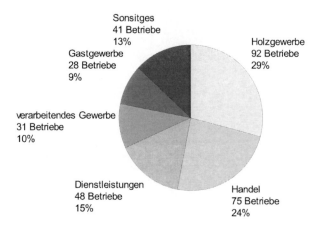

Sonsitges
41 Betriebe
13%

Gastgewerbe
28 Betriebe
9%

Holzgewerbe
92 Betriebe
29%

verarbeitendes Gewerbe
31 Betriebe
10%

Dienstleistungen
48 Betriebe
15%

Handel
75 Betriebe
24%

Abbildung 4.2: Gewerbestruktur in Seiffen 2012

Sonstiges: Elektro- und Metallgewerbe (17 Betriebe, 5%), Bau- und Ausbaugewerbe (14 Betriebe, 4%), Gesundheit- u. Körperpflege sowie chemische und Reinigungsgewerbe (4 Betriebe, 1%), Nahrungsmittelgewerbe (3 Betriebe, 1%), Bekleidungs-, Textil- und Ledergewerbe (2 Betriebe, 0,6%), Glas-, Papier-, Keramische und sonstige Gewerbe (1 Betrieb, 0,3%)

Handel einschließlich Instandhaltung Kraftfahrzeuge

Abweichungen von 100% können durch Runden entstehen

Datenquelle: IHK Chemnitz, Region Erzgebirge; HWK Chemnitz

Das Holzgewerbe ist in Seiffen mit 92 gemeldeten Betrieben vertreten. Das entspricht im Handwerk 69,78% der Betriebszahl und 29,21% bezüglich aller Betriebe in Seiffen. Es ist damit das am stärksten vertretene Gewerbe. Einen weiteren großen Anteil an der Gesamtbetriebszahl nimmt der Handel (einschließlich Instandhaltung Kraftfahrzeuge) mit 23,81% ein. Diese Zahl überrascht nicht, da das Holzgewerbe im Vertrieb seiner Waren häufig von Handelsunternehmen abhängig ist. Viele Betriebe der Spielzeugbranche stützen sich mittlerweile jedoch auf mehrere Standbeine des Vertriebs. Sie verkaufen ihre Waren nicht nur über die Genossenschaft Dregeno, die unter anderem die Funktion eines Großhändlers übernimmt, sonder in eigenen Geschäften. Hinzu kommt der Verkauf über das Internet mit Versand. Letztgenannte Vertriebsstrategie wird in Zukunft mehr an Bedeutung gewinnen, da Handelsstrukturen und Märkte immer mehr globalisierte Züge annehmen und der Verkauf über das Internet diesbezüglich große Potenziale aufweist.

Fremdenverkehr und Tourismus

Der Fremdenverkehr ist in Seiffen und Umgebung seit langen Zeiträumen verankert und wirtschaftlich bedeutsam. Schon 1889 schreibt von Süßmilch über eine Gastwirtschaft und Beherbergung in Bad Einsiedel, welche aus dem ehemaligen Klosterhof hervorgegangen ist:

„Bad Einsiedel liegt [...] rings von Wiese umgeben, mitten im Walde [...]. Das Gehöfte enthält 25 Fremdenzimmer, welche im Hochsommer meist nicht ausreichen, weshalb ein Theil der Badegäste in dem nahe gelegenen Heidelberg Unterkommen suchen muss. Die Bäder werden als außerordentlich wohlthuend gerühmt; der Aufenthalt ist angenehm, die Verpflegung vortrefflich, die Preiße sind mäßig." (von Süßmilch 1889: 371)

Heute nimmt das Gastgewerbe mit 28 angemeldeten Betrieben, was 9% der Gesamtbetriebszahl entspricht, scheinbar nur einen geringen Anteil an der Wirtschaft ein. Der Eindruck täuscht jedoch, da viele Familien Zimmer oder Ferienwohnungen vermieten, ohne dies als Hauptgewerbe zu betreiben. Neben Holzgewerbe und dem Vertrieb der Holzprodukte ist der Tourismus in Seiffen das dritte wichtige Standbein der Wirtschaft.

Bekannte touristische Anlaufpunkte in Seiffen sind unter anderem die Bergkirche Seiffen, das Freilichtmuseum, das Spielzeugmuseum, die Sommerrodelbahn oder die Schauwerkstatt. Als Ausflugsziele in der Umgebung nennt das Gastgeberverzeichnis (Tourismusverein Seiffen e.V. (Hrsg.) 2010: 9) das Schaubergwerk und das Heimatmuseum in Deutschneudorf sowie das Nussknackermuseum und das Glashüttenmuseum in Neuhausen. Diese Auswahl der Ausflugsziele zeigt nur die bekanntesten touristischen Höhepunkte.

Als touristischer Lagenachteil könnte die Ferne zu Schnellstraßen, Agglomerationen und Autobahnen gelten. Aber eben die Lage in der Peripherie hat auch ihren Reiz. Lärmbelästigung ist in Seiffen kaum zu finden. Hinzu kommt die Erholungsfunktion der Kammwälder in der Nähe des heutigen Kurortes. Schon von Süßmilch schreibt dazu:

„Die Reinheit der Luft, die Nähe des Waldes, der geringe Grad von Feuchtigkeit und die gleichmäßige Temperatur wirken im hohen Grade erfrischend. Bad Einsiedel ist allen zu längerem Aufenthalte zu empfehlen, welche sich von größeren geistigen Anstrengungen erholen, oder für solche vorbereiten wollen." (von Süßmilch 1889: 371f)

Um einen Eindruck des Tourismus heute in Seiffen zu vermitteln, sollen an dieser Stelle die Beherbergungszahlen von 2010 genannt werden. Die durchschnittliche Auslastung der Betten, die angeboten worden waren, lag bei 34,0%. Ohne Campingplätze waren 25.849 Ankünfte und 71.180 Übernachtungen zu verzeichnen. Die durchschnittliche Aufenthaltsdauer betrug 2,8 Tage. Allein im Juli 2010 wurden von 13 Beherbergungsbetrieben 570 Betten angeboten (Statistisches Landesamt des Freistaates Sachsen 2012f. URL). Neben dem Sommertourismus ist durch Advents- und Weihnachtsangebote, sowie Wintersport ein stark frequentierter Tourismus im Winter zu bemerken. Dabei gibt es auch viele Tagestouristen.

Land- und Forstwirtschaft

Nach Angaben der Gemeindestatistik für das Jahr 2010 (Statistisches Landesamt des Freistaates Sachsen 2012a. URL) sind in Seiffen vier landwirtschaftliche Betriebe gemeldet, wobei ein Betrieb eine Fläche unter zehn Hektar und drei Betriebe eine Fläche zwischen zehn und hundert Hektar bewirtschaften. Kein Betrieb hat mehr als einhundert Hektar Wirtschaftsfläche. Die Viehzählung vom 1. März 2010 ergibt, dass in den vier

Betrieben insgesamt 83 Rinder gehalten werden. Ein Betrieb führt zusätzlich Schweine, zwei Unternehmen betreiben Hühnerhaltung. In Seiffen werden keine Dauerkulturen angebaut. Bei diesen Werten wurden nur Betriebe gezählt, die über fünf Hektar landwirtschaftliche Fläche nutzen. Ist die landwirtschaftliche Fläche des Betriebs kleiner, müssen folgende Mindestzahlen für die Viehbestände gegeben sein: 10 Rinder, 50 Schweine, 1.000 Stück Geflügel (Statistisches Landesamt des Freistaates Sachsen 2012a. URL).

Bedeutender Akteur der Landwirtschaft ist der aus der LPG Schwartenberg hervorgegangene Agrarhof Schwartenberg e.G. mit Firmensitz in Neuhausen. Auch wenn die Landwirtschaftsfläche 57% der Gesamtfläche der Gemeinde beträgt, ist die Landwirtschaft selbst kein maßgeblicher Faktor in der Wirtschaft Seiffens. Eine bedeutende Rolle kommt ihr jedoch als Landschaftsgestalter zu. Da es in Seiffen keine Bergwerksbetriebe mehr gibt, die Veränderungen an der Landschaft verursachen könnten, übernimmt die Landwirtschaft, und auch die Forstwirtschaft, die Funktion der Landschaftsgestaltung und übt somit Einfluss auf den Tourismus aus.

Verarbeitendes Gewerbe

Im verarbeitenden Gewerbe gab es in Seiffen 2006 sieben Betriebe, wobei in den verwendeten Statistiken nur Betriebe mit mehr als 20 Beschäftigten gezählt werden. Insgesamt waren in der Branche 315 Personen tätig. Nach 509.000 geleisteten Arbeitsstunden wurden 4.186.000 Euro Entgelte bezahlt. Der Gesamtumsatz 2006 lag bei 12.845.000 Euro, wobei davon 1.731.000 im Ausland erwirtschaftet worden waren. Dies entspricht 13,48% des Gesamtumsatzes (Statistischen Landesamt des Freistaates Sachsen 2012g. URL).

Die Anzahl der Betriebe und die Beschäftigtenzahlen haben in den darauf folgenden Jahren abgenommen. Im Jahr 2010 wurden nur noch fünf Betriebe mit insgesamt 280 Beschäftigten gezählt. Die bezahlten Entgelte sanken auf 3.200.000 Euro und der Gesamtumsatz auf 8.370.000 Euro. Der Umsatz im Ausland belief sich auf 1.202.000 Euro, was 14,36% des Gesamtumsatzes entspricht. In Anlagen investierten 2009 drei Betriebe 154.000 Euro (Statistisches Landesamt des Freistaates Sachsen 2012a. URL).

5   Problemfelder und Handlungsmöglichkeiten

5.1   Herausforderungen und Potenziale im Holzgewerbe

Die Gemeinde Seiffen steht, ähnlich wie andere ländliche Gemeinden, vor verschiedenen Herausforderungen und Problemen bevölkerungs- und wirtschaftsgeographischer Art. Dazu gehört beispielsweise die finanziell schwierige Lage der Gemeinde, die vor der Rückforderung von Fördergeldern für das Schwimmbad steht. Auch der demographische Wandel stellt ein Problem dar, das sich unter anderem in der Altersstruktur zeigt. Seiffen ist von Überalterung und Abwanderung betroffen. Damit geht einher, dass viele Unternehmer keine Nachfolger für ihre Betriebe haben.

Eine Herausforderung stellt auch die asiatische Wirtschaft dar. Diese produziert viele Waren billiger und in größerer Stückzahl. Östliche Industrie führt auf dem globalen Markt zu erhöhtem Konkurrenzdruck und vermindertem Absatz Seiffener Waren. Davon ist jedoch nicht nur die Spielwarenproduktion betroffen. Auch einige Zulieferbetriebe, zum Beispiel für Schuhfabriken, gerieten dadurch in wirtschaftliche Engpässe und mussten ihren Betrieb einstellen. Es könnte also behauptet werden, dass die Seiffener Wirtschaft Verlierer der Globalisierung ist. Dem kann jedoch nicht ganz zugestimmt werden, da die Betriebe in Seiffen von Anfang an, seit der Zinnerzgewinnung und der Glasproduktion, auf überregionale Märkte angewiesen waren. Das galt, und gilt, auch für die Spielwarenproduktion, vor allem in Zeiten sinkender Nachfrage aus Deutschland. Schon zeitig wurden deshalb Holzkunstwaren exportiert. Auch heute noch stammt ein großer Teil der Umsätze aus Verkäufen ins Ausland. Begünstigt wird der Absatz, wie bereits beschrieben, auch durch den Verkauf über das Internet. In diesem Sinne ist das Seiffener Holzgewerbe Gewinner der Globalisierung und kann im Internethandel Potenziale wahrnehmen.

Ein möglicher Nachteil ist, dass die Waren aus Seiffen keine Produkte sind, die für den täglichen Gebrauch unumgänglich sind, sondern Schmuckstücke und Dekorationsgegenstände darstellen. In diesem Punkt liegt auf der anderen Seite eine besondere Qualität, denn von Dekorationsartikeln wird besondere Qualität erwartet, die meist nur durch Handarbeit gegeben werden kann. Ein Merkmal, das von industrieller Fertigung nicht gewährleistet wird.

Die hohe Anzahl der Betriebe in der Holzbranche führt zu einer Konkurrenzsituation im Ort. Es kann angenommen werden, dass in den nächsten Jahren, wenn durch demografische Überalterung und mangelnder Nachfolge einige Betriebe schließen müssen, der Konkurrenzdruck im Ort abnimmt. Die hohe Anzahl der Betriebe stellt gleichzeitig jedoch auch ein großes Potenzial dar. In keinem anderen Ort Deutschlands findet sich ein so breites Spektrum an handwerklichen Holzprodukten auf so engem Raum. Die Auswahl ist sehr groß. Das Potenzial kann jedoch nur ausgeschöpft werden, wenn sich jeder Betrieb auf eine bestimmte Artikelgruppe festlegt, also eine gewisse Einzigartigkeit produziert. Dies ist zum großen Teil durch traditionelle Produkte gegeben, die von Generation zu Generation im familiären Betrieb weiter gegeben werden.

Bei der Umsetzung von traditionell überlieferten Produktenideen und Entwürfen besteht die Gefahr, dass die Innovation verloren geht. Hinzu kommen die mögliche Instabilität des Geschmacks der Kunden und die Veränderung von der Art und Weise, wie bestimmte Feste, zum Beispiel Weihnachten, gefeiert werden und in welchem Maße dabei Seiffener Volkskunst eine Rolle spielt. Holzprodukte müssen demnach in gewisser Hinsicht dem Zeitgeist angepasst werden. Dabei besteht allerdings die Gefahr, dass der einzigartige Charakter verloren geht. Traditionelle Produkte strahlen oft eine bestimmte Zeitlosigkeit aus, die der Ware erst Charakter verleiht, wie zum Beispiel bei Reifentieren zu beobachten ist. Die Verknüpfung von Tradition und Moderne ist jedoch nicht unmöglich, wie beispielsweise die Herstellung von Pyramiden mit magnetisch gelagerten Achsen zeigt. Grundlage ist, dass die Merkmale der Produkte identifiziert werden, die den Charakter bestimmen.

Hilfreich für solche Überlegungen ist auch immer die Frage nach der ursprünglichen Intention von bestimmten Artikeln. So wurden beispielsweise für den Nussknacker ursprünglich Figuren gewählt, die Personen darstellten, welche in den unteren Bevölkerungsschichten unbeliebt waren. So zum Beispiel Revierförster, Grafen oder Offiziere, die nun in gedrechselter Form als Nussknacker in den Stuben der ärmeren Schicht die Nüsse knacken mussten. Um ein Holzprodukt an die Moderne anzupassen, ohne, dass die Tradition verloren geht, ist es also unumgänglich, die Aussage der Produkte zu hinterfragen. Ein Bettler würde etwa in der Form eines Nussknackers nicht der ursprünglichen Aussage entsprechen.

Die hohe Anzahl der Betriebe im Holzgewerbe und die ähnlichen wirtschaftlichen Probleme, die die Betriebe haben, legen als Handlungsmöglichkeit die Vernetzung nahe. In der Zeit der Entstehung des Spielzeuggewerbes und des Vertriebs über Verleger im 19. Jahrhundert koordinierten häufig die Verleger die Warenproduktion und die Arbeitsteilung der Drechslerfamilien. Von einer Familie bestellte er zum Beispiel Bäume, von einer anderen gedrechselte Jäger, von der dritten Spanschachteln. Der Verleger stellte daraus das verkaufsfertige Produkt zusammen. Eine solche Arbeitsteilung und Koordination durch einen bestimmten Akteur in Seiffen findet heute nicht mehr statt. Vernetzungen existieren häufig nur zwischen Betrieben, die über Familienverhältnisse verknüpft sind. Bei Betrieben, bei denen solche Verknüpfungen existieren, die Arbeitsteilung beziehungsweise Spezialisierung auf bestimmte Produkte beinhalten, sind bereits wirtschaftliche Vorteile erkennbar. So können die Vermarktung, der Auftritt auf Messen oder die Materialbeschaffung gemeinsam organisiert werden. Ein Ausbau der lokalen Vernetzung und eine definierte Spezialisierung auf bestimmte Produkte können Konkurrenzdruck innerhalb des Ortes entgegen wirken. Zudem könnte eine überregionale Vernetzung und Erfahrungsaustausch mit Räumen stattfinden, in denen ähnliche Strukturen herrschen. Eine solche Region wäre zum Beispiel der Schwarzwald mit der Fertigung von Kuckucksuhren.

Bisher war das Handwerk in Seiffen auf serienmäßige Herstellung ausgelegt. Eine weitere Handlungsmöglichkeit wäre die Herstellung von Spezialanfertigungen. Denkbar ist etwa der individuelle Entwurf und die handwerkliche Fertigung von Abendmahlsgarnituren aus Holz für Kirchen. Ansätze für solche und ähnliche Aufträge, die auf eine bestimmte Stückzahl limitiert sind, zeigen sich schon. Auch Sonderanfertigungen in serienmäßiger Produktion mit großen Stückzahlen sind umsetzbar. Ein Betrieb stellt beispielsweise mittels computergestützten Fräsen Holzschalen für USB-Sticks her.

Das Reifendrehen und die Fachschule für Spielzeugproduktion sollten als ein in Deutschland einmaliges Potenzial angesehen und erhalten bleiben. In diesem Zusammenhang wäre die Eröffnung einer Produktionsstätte denkbar, in der sich junge Erwachsene nach Abschluss der Fachschule einmieten und produzieren können, um sich in der Branche zu etablieren, bevor sie eine eigene Werkstatt eröffnen. Außerdem könnten Vernetzungen mit Instituten hergestellt beziehungsweise ausgebaut werden, die in der Holzbranche tätig sind.

5.2 Herausforderungen und Potenziale im Tourismus

Die Hauptsaison für den Tourismus in Seiffen liegt in der Advents- und Weihnachtszeit und im Winter. Probleme entstehen dadurch, dass der Wintersport ökologische Schäden hinterlassen kann und dass die Ungleichverteilung des Fremdenverkehrs für das Gastgewerbe zu wirtschaftlichen Schwierigkeiten und schwieriger Kalkulationsbasis führen kann. Um dem entgegen zu wirken, sollte der Tourismus gleichmäßiger auf das ganze Jahr verteilt werden, was letztendlich auch stabilere und kalkulierbarere Umsätze für Holz verarbeitende Betriebe bedeutet, die im Ort Geschäfte betreiben. Eine gleichmäßig verteilter Tourismus und eine längere Aufenthaltsdauer, welche in den letzten Jahren gesunken war, kann beispielsweise durch folgende Maßnahmen bewirkt werden:

- Das Netz der Wanderwege um Seiffen ist ausbaufähig. Außerdem könnten geführte Wanderungen zu den Themen Bergbau, Besiedlung, Glashütten oder Naturpark Erzgebirge/ Vogtland im Ort und der Umgebung angeboten werden. In diesem Zusammenhang kann der bestehende Lehrpfad über den Bergbau in Seiffen erweitert werden. Dabei könnten zusätzliche Inhalte, wie Geologie oder Ökologie, einfließen und eine Erweiterung der Streckenlänge stattfinden. Daneben bietet sich Vernetzung mit umliegenden Gemeinden und über die Staatsgrenze nach Tschechien hinweg an. Neben dem Ausbau der Wanderwege im Sommer sollte auch das Netz der Langlauf-Loipen im Winter nach ähnlichen Gesichtspunkten neu organisiert werden.

- Nicht nur mit Tourismus, sondern auch im Zusammenhang mit Bildung könnten Projekte stattfinden. So wäre eine Partnerschaft mit der Jugendherberge im Mortelgrund bei Sayda oder umliegenden Schulen denkbar. Schulklassen könnten an oben genannten Führungen teilnehmen oder solche selbst organisieren und für Touristen durchführen. Für ähnliche Zwecke könnten Waldklassenzimmer eingerichtet werden, was sich beispielsweise im Töpelwinkel an der Zschopau bei Döbeln bereits bewährt hat. Auch Kooperation mit Bildungseinrichtungen in Tschechien kann eine Handlungsmöglichkeit darstellen.

- Als neue Art des Tourismus könnten Handwerkskurse eingeführt werden. In einigen Regionen hat sich das Konzept „Urlaub auf dem Bauernhof" schon etabliert. In Seiffen wäre Ähnliches im Handwerk denkbar. Touristen würden während ihres Aufenthaltes in Seiffen an handwerklichen Kursen mit dem Werkstoff Holz teilnehmen. Damit würde traditionelles handwerkliches Wissen weitervermittelt werden und eine neue Einnahmequelle für Handwerker wäre aufgetan. Sind die Adressaten Schüler, können mit diesem Konzept auch mehr junge Menschen für den Beruf des Spielzeugmachers und Drechslers interessiert werden, sodass sich wieder mehr junge Erwachsene für diesen Beruf entscheiden.

6　Zusammenfassung

6.1　Überblick über die Arbeit

Seiffen ist eine Gemeinde im Erzgebirge, welche auf dem ersten Blick den Eindruck erweckt, dass die ganze Wirtschaft im Ort einzig und allein auf Holzspielwaren ausgelegt ist. Daraus ergeben sich folgende Fragen:

- Wie sind die Wirtschaftsstrukturen in Seiffen entstanden?

- Nimmt das Holzkunsthandwerk eine dominante Rolle in der Wirtschaft Seiffens ein und wie groß sind die Anteile anderer Wirtschaftsbranchen?

- Welche Potenziale und Zukunftsstrategien gibt es, um Problemen zu begegnen und entgegen zu wirken?

Ziel der Arbeit ist es, die Geschichte Seiffens mit aktuellen Strukturen und Handlungsmöglichkeiten zu verknüpfen. Eine Verknüpfung dieser Punkte in einer Veröffentlichung liegt in der Literatur noch nicht vor, weshalb bei der Strukturierung und Bearbeitung dieser Arbeit bewusst auf alle drei Themen, Geschichte, aktuelle Strukturen und Potenziale, eingegangen wurde. Zudem ist ein Überblick über das Erzgebirge erarbeitet worden, um die Gemeinde Seiffen einordnen zu können.

Das Erzgebirge ist ein Mittelgebirge im Süden von Sachsen. Über den Kamm verläuft die Staatsgrenze zwischen Deutschland und Tschechien. Das Gebirge stellt eine Pultscholle dar, die im Zuge der alpidischen Orogenese im Süden angehoben wurde. Deshalb ist heute ein flacher Anstieg von Nord nach Süd bis zum Kamm und ein Steilabfall des Geländes hinter dem Kamm nach Süden hin zu beobachten. Bei der Tektogenese entstanden viele abbauwürdige Erzvorkommen.

Das Erzgebirge lässt sich nach Höhenlagen in Untere, Mittlere und Obere Berglagen gliedern. Außerdem kann eine Einteilung in West-, Mittel- und Osterzgebirge vorgenommen werden.

Im Erzgebirge herrscht thermisches Jahreszeitenklima. Die Jahresniederschlagssummen auf dem Kamm liegen um 1.000 mm, die Jahresdurchschnittstemperatur um 3 °C. Von den Unteren Lagen zum Kamm hin nehmen die Niederschläge zu und die Temperaturen ab. Zudem ist eine Abnahme der Niederschläge von West nach Ost zu erkennen.

Das Relief weist im Westerzgebirge hohe Reliefenergien auf. Im Osterzgebirge sind viele Hochflächen mit einzelnen Basaltbergen zu finden. Die Flüsse entwässern hauptsächlich nach Norden und werden heute mittels Talsperren zur Trinkwasserversorgung genutzt. Die Abflussmengen schwanken sehr stark.

An Böden liegen vor allem Braunerden und Podsole vor. In niederen Lagen fand in weiten Teilen Lösseinwehung statt, weshalb diese heute im Vergleich zu teils stark sauren Böden in Kammlage fruchtbarer sind. Im Allgemeinen stellt das Erzgebirge für die Landwirtschaft einen Grenzstandort dar. Auf dem Kamm finden sich häufig Hochmoore. Als natürliche Vegetation ist für die unteren Lagen ein Buchenmischwald und für die oberen Lagen ein Fichtenwald zu nennen. Die Forstwirtschaft führte in weiten Räumen Fichten-Reinbestände ein.

Besiedelt wurde das Erzgebirge im Zuge der deutschen Ostbewegung im 12. Jahrhundert. Nach Silbererzfunden blühte der Bergbau auf und war für viele Jahrhunderte Hauptwirtschaftszweig im Erzgebirge. Während einer Blütephase im 15. Jahrhundert entstanden viele Bergstädte in den mittleren und höheren Lagen. Neben Bergbau fand sich auch die Produktion von Glas und Holzkohle. Die Industrialisierung ab dem 18. Jahrhundert hielt raschen Einzug, da die vorhandenen gewerblichen Strukturen industriellen Aufschwung begünstigten.

Heute ist die erzgebirgische Wirtschaft von klein- und mittelständigen Unternehmen traditioneller Branchen geprägt. Handwerk ist weit verbreitet. Das Erzgebirge weist in Sachsen die höchste Siedlungs- und Bevölkerungsdichte auf, ist jedoch, wie viele andere Regionen in Deutschland auch, vom demografischen Wandel stark betroffen.

Der Raum um Seiffen wurde im 12. und 13. Jahrhundert von Mönchen aus Böhmen erschlossen, die den Auftrag hatten, Rohstoffe in den erzgebirgischen Kammregionen ausfindig und nutzbar zu machen. In der entstehenden Siedlung Seiffen fanden sich Zinnerzvorkommen. Diese wurden aus Ablagerungen des Seiffener Baches ausgewaschen und später unter Tage und über Tage aus dem festen Gestein abgebaut. Wichtiges wirtschaftliches Standbein war auch die Produktion von Glas in der Glashütte Heidelbach am Schwartenberg. In wirtschaftlichen Krisenzeiten des Bergbaus und der Glashütten um Seiffen entstand das Drechselhandwerk, dass dem "Seiffener Winkel" bis heute seinen Charakter verliehen hat. Dieses Handwerk wurde durch wirtschaftliche Verknüpfungen zur Glasproduktion und durch die Bereitstellung technischer Anlagen des Bergbaus in seiner Entwicklung stark beeinflusst und begünstigt. Das Drechselhandwerk und die Holzspielwarenproduktion entwickelten sich zum wichtigsten Wirtschaftszweig in Seiffen. Auch in der DDR änderte sich dies nicht.

Seiffen hat 2.415 Einwohnern. Die Arbeitslosenquote liegt bei rund 5% (bezüglich der Einwohnerzahl). Im Pendelverkehr der Erwerbstätigen ist ein positiver Saldo zu verzeichnen. In der Gemeinde Seiffen sind 315 Betriebe angemeldet, wobei das Handwerk mit rund 40% der Gesamtbetriebszahl einen verhältnismäßig hohen Anteil ausmacht. Die meisten Betriebe hat in Seiffen das Holzgewerbe (92 Betriebe). Der Anteil an der Gesamtbetriebszahl beträgt 29%. Der Tourismus ist neben dem Holzgewerbe das zweite wirtschaftliche Standbein in Seiffen. Andere Gewerbezweige ordnen sich unter.

Folgende Probleme schwächen die Strukturen in der Gemeinde Seiffen:

- Seiffen ist stark vom demografischen Wandel betroffen.

- Das hat Auswirkungen auf die Betriebe, da nicht in jedem Unternehmen Nachfolger gefunden werden können.

- Hinzu kommt starke Konkurrenz aus Ländern, in denen sehr billig produziert wird.

- Der Tourismus hat seine Hauptsaison in der Advents- und Weihnachtszeit und im Winter.

- Die Zahl der Aufenthaltstage ist rückläufig, auch wenn die Gesamtzahl der Besucher und Übernachtungen relativ hoch ist.

6.2   Ergebnisse der Arbeit

Thesen

Zur Wirtschaft in Seiffen lassen sich drei grundlegende Thesen aufstellen, die seit Gründung der Siedlung bis zur heutigen Struktur Gültigkeit haben:

- Seiffen war seit seiner Gründung eine Siedlung, in der das Gewerbe größere Bedeutung als Landwirtschaft hatte.

- Die Seiffener Wirtschaft war von Anfang an eine Wirtschaft, die nicht auf die lokale Nachfrage ausgelegt, sondern immer auf entfernte Märkte angewiesen war.

- Seiffen war von Anfang an eine Siedlung, in der die Bewohner privat und in eigener Verantwortung wirtschafteten.

Mit den Befunden, die in dieser Arbeit erarbeitet wurden, lässt sich die eingangs erstellte Fragestellung beantworten.

Wie sind die Wirtschaftsstrukturen in Seiffen entstanden?

Die Seiffener Wirtschaftsstrukturen entstanden aus dem Zusammenspiel von Bergbau, Glasproduktion und Drechselhandwerk. Die Betriebe waren immer auf den Handel angewiesen. Resultat ist eine Wirtschaft, die hauptsächlich auf Spielzeugwarenproduktion und Tourismus aufbaut.

Nimmt das Holzkunsthandwerk eine dominante Rolle in der Wirtschaft Seiffens ein und wie groß sind die Anteile anderer Wirtschaftsbranchen?

Das Holzkunsthandwerk nimmt in Seiffen immer noch eine entscheidende Rolle in der Wirtschaft ein. Die meisten gemeldeten Betriebe in der Gemeinde lassen sich dem Holzgewerbe zuordnen. Mit der Produktion von Spielwaren geht ein relativ hoher Anteil an Handelsbetrieben einher, da die Waren auch im Ort verkauft werden. Zweites Standbein der Wirtschaft ist der Tourismus. Andere Branchen ordnen sich unter.

Welche Potenziale und Zukunftsstrategien gibt es, um Problemen zu begegnen und entgegen zu wirken?

Zusammenfassend lassen sich folgende Handlungsmöglichkeiten benennen:

- stärkere Vernetzung und Aufgabenteilung der Betriebe im Ort
- Identifikation von Merkmalen, die den traditionellen "Seiffener Charakter" eines Produktes ausmachen, und Anpassung der Waren an den Zeitgeist
- Vernetzung und Erfahrungsaustausch mit Regionen, die ähnliche Strukturen aufweisen
- Ausbau des Wander- und Loipennetzes
- Ausbau des Lehrpfades
- geführte Wanderungen zu den Themen Besiedlung, Bergbau, Glashütten, Naturpark etc.
- Projekte mit Schulklassen und Einrichtung eines Waldklassenzimmers
- Einführung von Handwerkskursen für Touristen

Bei allen Projekten und Überlegungen ist es wichtig, die Prägung durch die Geschichte, ursprüngliche Intentionen und traditionelle Überlieferungen zu beachten, damit die charakteristische „Seiffener Atmosphäre" nicht überprägt wird und bestehen bleibt. Deshalb ist es wichtig, tragende und bestimmende Strukturmerkmale der Gemeinde Seiffen zu identifizieren, was Aufgabe weiterer Arbeiten sein kann.

Literaturverzeichnis

Altemüller et al. (Konzeption und Bearbeitung) 2003: Alexander Schulatlas. -Justus Perthes Verlag: Gotha. 3. Auflage

Berger, H.-J. et al. 2008: Neoproterozoikum -in: Pälchen, W. & Walter, H. (Hrsg.) 2008: Geologie von Sachsen. Geologischer Bau und Entwicklungsgeschichte. -E. Schweizerbart'sche Verlagsbuchhandlung: Stuttgart. 19-40

Blaschke, K. 2000: Die Geschichte Sachsens im Abriß. -in: Kowalke, H. (Hrsg.) 2000: Sachsen. -Justus Perthes: Gotha. 1. Auflage. 10-30

Bork, H.-R. et al. 1998: Landschaftsentwicklung in Mitteleuropa. -Justus Perthes: Gotha. 1. Auflage.

Bundesagentur für Arbeit (Hrsg.) 2012: Arbeitsmarkt in Zahlen. Arbeitslosenstatistik. Arbeitslose nach Gemeinden. April 2012. -Zugriff über Internet: URL
http://statistik.arbeitsagentur.de/nn_10256/SiteGlobals/Forms/Direktsuche/direktsuche_ Form_Rubrik.html?
view=processForm&resourceId=17656&input_=&pageLocale=de&step=3&year=2012 &month=04&category=arbeitslose&topic=st6-gem&topic.GROUP=1&search=Suchen. 20. Mai 2012

Büttner, U. o.D.: Die größten Hochwasser im Gebiet der Mulden. -Zugriff über: Sächsisches Landesamt für Umwelt, Landwirtschaft und Geologie. -online im Internet unter:
URL: http://www.umwelt.sachsen.de/umwelt/wasser/8476.htm. 24. April 2012

Donath, M. o.D.: Die Besitzungen der Familie von Schönberg in Sachsen. -Zugriff über: von Schönberg'sche Familienverband e.V. -online im Internet unter:
URL http://www.familie-von-schoenberg.de/geschichte/haeuser.htm. 25. April 2012

Dregeno Seiffen eG (Hrsg.) 2009: 90 Jahre Dregeno. Gestern, heute & morgen. -Redaktion: Bieber, J. & Dietel, H. Druckerei Thieme GmbH &Co. KG: Meißen

Hendl, M. 2002: Das Klima der deutschen Mittelgebirgsschwelle. -in: Liedtke, H. & Marcinek, J. (Hrsg.) 2002: Physische Geographie Deutschlands. -Justus Perthes Verlag: Gotha. 3. Auflage. 72-91

Industrie- und Handelskammern Dresden, Leipzig, Südwestsachsen & Handwerkskammern Dresden, Leipzig, Chemnitz (Hrsg.) 2005: Wirtschaftsatlas Sachsen. -saxoprint GmbH Digital- & Offsetdruck: Dresden

Institut für Geographie und Geoökologie, Arbeitsgruppe für Heimatforschung, Dresden (Hrsg.) 1985: Um Olbernhau und Seiffen. -Autorenkollektiv unter Leitung von Dietrich Zühlke. Akademie-Verlag: Berlin. Reihe: Akademie der Wissenschaften der DDR, Institut für Geographie und Geoökologie, Arbeitsgruppe Heimatforschung (Hrsg.): Werte unserer Heimat. Heimatkundliche Bestandsaufnahme in der Deutschen Demokratischen Republik. Band 43.

Kaulfuß, W. & Kramer, M. 2000: Naturlandschaften und Nutzungspotenziale Sachsens. -in: Kowalke, H. (Hrsg.) 2000: Sachsen. -Justus Perthes: Gotha. 1. Auflage. 49-88

Kirsche, A. 2005: Zisterzienser, Glasmacher und Drechsler. Glashütten in Erzgebirge und Vogtland und ihr Einfluss auf die Seiffener Holzkunst. -Waxmann Verlag: Münster. Reihe: Bayerl, G. (Hrsg.): Cottbusser Studien zur Geschichte von Technik, Arbeit und Umwelt. Band 27.

Kowalke, H. 2000a: Die Entwicklung der Raumstrukturen bis zur Industrialisierung und der Industrialisierungsprozess. -in: Kowalke, H. (Hrsg.) 2000: Sachsen. -Justus Perthes: Gotha. 1. Auflage. 101-137

Kowalke, H. 2000b: Die Entwicklung Sachsens zwischen 1945 und 1989/90. -in: Kowalke, H. (Hrsg.) 2000: Sachsen. -Justus Perthes: Gotha. 1. Auflage. 139-165

Kowalke, H. 2000c: Entwicklung der Raumstruktur nach 1990- Perspektiven und Probleme. -in: Kowalke, H. (Hrsg.) 2000: Sachsen. -Justus Perthes: Gotha. 1. Auflage. 166-214

Löscher, H. o.D.a: Zur Rechtsgeschichte der erzgebirgischen Bergwirtschaft. -in: TU Bergakademie Freiberg (Hrsg.) 2009: Das erzgebirgische Bergrecht des 15. und 16. Jahrhunderts. III.Teil: Fragmente der geschichtlichen Einleitung und systematische Darstellung des damals geltenden Bergrechts und alle noch vorhandenen gedruckten berggeschichtlichen Abhandlungen. Aus veröffentlichten und unveröffentlichten Schriften Hermann Löschers zusammengestellt und bearbeitet von Erika Löscher. -Medienzentrum der TU Bergakademie Freiberg: Freiberg. Reihe: Freiberger Forschungshefte. Band D 232 Geschichte. 263-275

Löscher, H. o.D.b: Besiedlung und Bergbau im Erzgebirge. -in: TU Bergaakademie Freiberg (Hrsg.) 2009: Das ergebirgische Bergrecht des 15. und 16. Jahrhunderts. III.Teil: Fragmente der geschichtlichen Einleitung und systematische Darstellung des damals geltenden Bergrechts und alle noch vorhandenen gedruckten berggeschichtlichen Abhandlungen. Aus veröffentlichten und unveröffentlichten Schriften Hermann Löschers zusammengestellt und bearbeitet von Erika Löscher. Medienzentrum der TU Bergakademie Freiberg: Freiberg. Reihe: Freiberger Forschungshefte. Band D 232 Geschichte. 13-131

Müller, G. oD.: Stadtgeschichte Frauenstein. -Zugriff über: Stadt Frauenstein . -online im Internet unter:
URL http://www.frauenstein-erzgebirge.de/stadt/geschichte/. 13. Mai 2012

Regionaler Planungsverband Chemnitz-Erzgebirge (Hrsg.) 2008a: Regionalplan Chemnitz-Erzgebirge. Karte 1: Raumstruktur. -Zugriff über Internet:
URL http://www.pv-rc.de/regionalplance/fortschreibung/karte01.pdf. 19. Mai 2012

Regionaler Planungsverband Chemnitz-Erzgebirge (Hrsg.) 2008b: Regionalplan Chemnitz-Erzgebirge. Karte 7: Siedlungsstruktur. -Zugriff über Internet:
URL http://www.pv-rc.de/regionalplance/fortschreibung/karte07.pdf. 19. Mai 2012

Regionaler Planungsverband Chemnitz-Erzgebirge (Hrsg.) 2008c: Regionalplan Chemnitz-Erzgebirge. Karte 5.1: Bereiche der Landschaft mit besonderen Nutzungsanforderungen. Teil: Naturhaushalt. -Zugriff über Internet: URL http://www.pv-rc.de/regionalplance/fortschreibung/karte05_1.pdf. 19. Mai 2012

Regionaler Planungsverband Chemnitz-Erzgebirge (Hrsg.) 2008d: Regionalplan Chemnitz-Erzgebirge. Karte 5.2: Bereiche der Landschaft mit besonderen Nutzungsanforderungen. Teil: Kulturlandschaft. -Zugriff über Internet: URL http://www.pv-rc.de/regionalplance/fortschreibung/karte05_2.pdf. 19. Mai 2012

Richter, H. 2002: Die Mittelgebirge zwischen Weißer Elster und Görlitzer Neiße. -in: Liedtke, H. & Marcinek, J. (Hrsg.) 2002: Physische Geographie Deutschlands. -Justus Perthes Verlag: Gotha. 3. Auflage. 520-538

Rother, K. 1997: Deutschland- Die östliche Mitte. -Westermann Schulbuchverlag: Braunschweig. Reihe: Glawion, R. et al. (Hrsg.): Das Geographische Seminar.

Sächsisches Landesamt für Umwelt, Landwirtschaft und Geologie 2012a: Flussgebiet Mulde. Abflüsse 2009. Pegel: Pockau 1, Gewässer: Flöha. -online im Internet unter: URL http://www.umwelt.sachsen.de/umwelt/wasser/2707.htm. 24. April 2012

Sächsisches Landesamt für Umwelt, Landwirtschaft und Geologie 2012b: Flussgebiet Mulde. Abflüsse 2009. Pegel: Rothenthal, Gewässer: Natzschung. -online im Internet unter: URL http://www.umwelt.sachsen.de/umwelt/wasser/2707.htm. 24. April 2012

Sächsische Staatskanzlei 2012: Behördenwegweiser. Verwaltungsgemeinschaft Seiffen/Erzgeb. -online im Internet unter: URL http://amt24.sachsen.de/ZFinder/behoerden.do;jsessionid= 79D735BB6DC31F5494A6192EDF505982.zufi2_2?action=showdetail&modul =BHW&id=138421!0. 3. Mai 2012

Sächsisches Staatsministerium des Innern 2012: Verwaltungsatlas Sachsen. Gemeinden. -online im Internet unter: URL http://www.verwaltungsatlas.sachsen.de/13784.htm. 3. Mai 2012

Schmidt, R. 2002: Böden. -in: Liedtke, H. & Marcinek, J. (Hrsg.) 2002: Physische Geographie Deutschlands. -Justus Perthes Verlag: Gotha. 3. Auflage. 255-288

Sewart, K. 1994: "Mich schießt keiner tot". Die Geschichte des Volkshelden Karl Stülpner. -Chemnitzer Verlag: Chemnitz

Staatsbetrieb Geobasisinformation und Vermessung Freistaat Sachsen 2008: Topographische Karte 1:25000. Blatt 5346 Olbernhau. Auflage 2008.

Statistisches Landesamt des Freistaates Sachsen 2012a: Gemeindestatistik 2011 für Seiffen/Erzgeb., Kurort. Amtlicher Gemeindeschlüssel=14521570. Gebietsstand 01.01.2011. -online im Internt unter URL http://www.statistik.sachsen.de/appsl1/Gemeindetabelle/jsp/GMDAGS.jsp? Jahr=2011&Ags=14521570. 3. Mai 2012

Statistisches Landesamt des Freistaates Sachsen 2012b: Bevölkerung am 31.12., Altersgruppen (18, u3-75um), Geschlecht, Nationalität, Kreise, Stichtag (ab 2008), Gebietsstand 31.12.BJ T. 173-41. Fortschreibung des Bevölkerungsstandes 31.12.2010. -Zugriff über Datenbank: GENESIS-online. -online unter: URL http://www.statistik.sachsen.de/genonline/online/logon. 17. Mai 2012

Statistisches Landesamt des Freistaates Sachsen 2012c: Bodennutzung: landwirtsch. Betriebe nach Größenklasse der landwirtsch. genutzten Fläche (LF, 4), LF nach Kulturarten, Kreise, Jahr, Gebietsstand aktuell. Allgemeine Agrarstrukturerhebung (ASE) Berichtsjahr 2007. -Zugriff über Datenbank: GENESIS-online. -online unter: URL http://www.statistik.sachsen.de/genonline/online/logon. 17. Mai 2012

Statistisches Landesamt des Freistaates Sachsen 2012d: SV-pfl. Beschäftigte: Einpendler/ Auspendler über die jeweilige Gebietsgrenze, Pendlersaldo, Geschlecht, Gemeinden, Stichtag (31.12. bis 2007), GS 01.01.11. SV-pfl. Beschäftigte 31.12.2007. -Zugriff über Datenbank: GENESIS-online. -online unter: URL http://www.statistik.sachsen.de/genonline/online/logon. 17. Mai 2012

Statistisches Landesamt des Freistaates Sachsen 2012e: Bevölkerung am 31.12., Gemeinden, Stichtag, Gebietsstand 01.01.11. Fortschreibung des Bevölkerungsstandes 31.12.2010. -Zugriff über Datenbank: GENESIS-online. -online unter: URL http://www.statistik.sachsen.de/genonline/online/logon. 20. Mai 2012

Statistisches Landesamt des Freistaates Sachsen 2012f: Tourismus: betriebe (ins., geöffnet), Betten (insg., angeb.), Auslastung, Ankünfte, Übernachtungen, Aufenthaltsdauer, gemeinden, Jahr, T.469-11, GS 01.01.11. Monatserhebung im Tourismus 2010. -Zugriff über Datenbank: GENESIS-online. -online unter: URL http://www.statistik.sachsen.de/genonline/online/logon. 20. Mai 2012

Statistisches Landesamt des Freistaates Sachsen 2012g: Bergbau u. Verarb. Gewerbe: Betriebe mit 20 u. mehr Besch., Beschäftigte, Arbeitsstunden, Entgelte, Umsatz, Gemeinden, Berichtsjahr 2006, Gebietsstand 01.01.07. Monatsbericht im Bergbau u. Verarb. gewerbe (Betr.) Berichtsjahr 2006. -Zugriff über Datenbank: GENESIS-online. -online unter: URL http://www.statistik.sachsen.de/genonline/online/logon. 21. Mai 2012

von Süßmilch, M. 1889: Das Erzgebirge. In Vorzeit, Vergangenheit und Gegenwart. -Verlag von Hermann Graser: Annaberg

Technische Universität Dresden, Institut für Hydrologie und Meteorologie 2012: Niederschlag. korrigierte Summe [mm]. Jahr 1991-2005. -Zugriff über Datenbank: ReKIS, Regionales Klimainformationssystem für Sachsen, Sachsen-Anhalt und Thüringen. -online im Internet unter: URL http://141.30.160.224/fdm/index.jsp?k=rekis. 23. April 2012

Tourismusverein Seiffen e.V. (Hrsg.) 2010: Kurort Seiffen. Ihre Gastgeber. -Design Company: Olbernhau

Wagenbreth, O. & Steiner, W. 1990: Geologische Streifzüge. Landschaft und Erdgeschichte zwischen Kap Arkona und Fichtelberg. -Deutscher Verlag für Grundstoffindustrie: Leipzig. 4. Auflage.

Wagenbreth, O. & Wächtler, E. 1990: Bergbau im Erzgebirge. Technische Denkmale und Geschichte. -Deutscher Verlag für Grundstoffindustrie: Leipzig. 1. Auflage.

Wagner, G. o.D.: Kurort Seiffen mit OT Heidelberg und Oberseiffenbach. -in: Landratsamt Mittlerer Erzgebirgskreis (Hrsg.) 2000: Zur Geschichte der Städte und Gemeinden im Mittleren Erzgebirgskreis. Eine Zeittafel. Teil III -Druckerei E. Gutermuth: Grünhainichen, Marienberg. 303-312

Werner, W. 2007: Seiffen in acht Jahrhunderten. Figuren von Walter Werner erzählen Seiffens Geschichte. -Verlag Klaus Gumnior: Chemnitz.

Werner, W. & Wächtler, E. 2005: Gedrechselte Geschichte. Bergleute und Fürsten. -Verlag Klaus Gumnior: Chemnitz.

Zemmrich, J. 1991: Das Erzgebirge. -in: Blaschke, K. (Hrsg.) 1991: Landeskunde von Sachsen. -Altis-Verlag: Berlin. 1. Auflage. 91-121

Zweckverband Naturpark "Erzgebirge/Vogtland" (Hrsg.) 2012: Naturpark allgemein. -Zugriff über Internet: URL http://www.naturpark-erzgebirge-vogtland.de/steckbrief.htm.17. Mai 2012